与最聪明的人共同进化

湛庐 CHEERS

HERE COMES EVERYBODY

The
Cosmic Perspective
Fundamentals

星空黑洞
宇宙学

1

Jeffrey Bennett
Megan Donahue
Nicholas Schneider
Mark Voit

[美]
杰弗里·贝内特
梅甘·多纳休
尼古拉斯·施奈德
马克·沃伊特
著

张焕香 范洪 译

浙江教育出版社·杭州

你具有现代宇宙观吗？

扫码加入书架
领取阅读激励

扫码获取
全部测试题及答案，
一起了解科学在宇宙中
迈出的"一小步"

- 一颗直径为（　）的小行星或彗星碰撞地球，可能会使人类文明毁灭。（单选题）

  A. 1 千米

  B. 3 千米

  C. 5 千米

  D. 10 千米

- 如果把地球挪到金星的轨道上，会发生什么？（单选题）

  A. 海洋彻底蒸发

  B. 温室效应不复存在

  C. 没日没夜刮起强烈的大风

  D. 一天从 24 小时变成 48 小时

- 以下哪项属于太阳系行星的"家族特征"？（单选题）

  A. 自转与公转方向相同

  B. 类地行星都有卫星

  C. 轨道是完美的圆形

  D. 所有行星都有固态内核

扫描左侧二维码查看本书更多测试题

献给所有想了解宇宙奥秘的人。
希望本书能解答大家的疑问，
引发大家提出新的问题，
从而使大家对天文学探索永葆好奇和兴趣。

特别献给迈克拉、埃米莉、
塞巴斯蒂安、格兰特、内森、
布鲁克和安杰拉。

我们对宇宙的研究始于你们出生时，
希望你们成长的世界里没有贫穷、仇恨和战争，
这样所有的人都会去思考所处宇宙的奥秘。

本书含有趣的提问和符合现代研究进展的回答，"学伤"了的读者完全不需要担心。这套"妙趣横生的名校通识课"覆盖"天、地、生"，让你在快乐阅读的同时能收获满满。

刘华杰

北京大学科学传播中心教授

"妙趣横生的名校通识课"是一套由培生出版的经典教材，涵盖生物学、宇宙学和地球科学等多个领域。这套书的内容源自名校的优秀教授妙趣横生的课堂，通过问题引导和科学解答的方式，结合最新的科学发现和案例，帮助读者在探索中提升科学素养，激发对知识的兴趣。这是一套既有趣又充满智慧的通识教材，值得每一位爱好科学的读者细细品读。

苟利军

中国科学院国家天文台研究员

中国科学院大学教授

我常去给各种读者讲恐龙的故事，恐龙是我与他们之间沟通的桥梁。在我看来，这套"妙趣横生的名校通识课"中的一个个问题，也是一座座桥梁，连接起了读者的好奇心与自然世界。不仅如此，这套书还给大家展示了如何寻求问题答案的过程，这对于我们的思维方式养成至关重要。科学的精神包括好奇心、探索力、想象力，这套书能带你领略科学之美。

邢立达

青年古生物学者

知名科普作家

"妙趣横生的名校通识课"这套书的内容都取自世界名校杰出教授的课堂，涉及生物学、宇宙学和地球科学等多个领域，这些内容综合在一起，可以帮助读者更全面、更整体地理解世界。

鉴于我独特的成长经历，我对动物，尤其是昆虫有着特别的情感。昆虫是这个地球上当之无愧的王者，具有人类所不及的能力和高超生存智慧。同时我也知道，自然科学知识是现在很多人知识体系中缺失的一部分，而这套书提供了一个起点，可以让读者通过探究书中的问题和答案，填补知识空缺，了解自己周边的自然世界，汲取自然的"大智慧"。

陈睿

国内权威自然科普作家

科学教育专家

许多深奥的科学知识往往就隐藏在那些看似简单的问题之中。作为通识课读本，本书不是一条线的长篇大论，而是基于一个个常见的问题，一步步引领大家了解其中的宇宙学知识，尽可能让大家"知其然并知其所以然"。

Linvo 说宇宙

知名科普博主

赞 誉

引言

什么是现代宇宙观

请看第一页的背景图，这是哈勃空间望远镜拍摄的一张著名的照片，照片展示的是一片星空，这片星空看起来很小，似乎触手可及。

然而，这张照片展现的是令人难以置信的浩瀚时空：照片中的大部分天体都是由数十亿颗恒星构成的星系，恒星周围可能还有行星环绕；照片中一些较小的光点则是非常遥远的星系，它们的光需要 120 亿年以上的时间才能到达地球。

通过这张照片，我们能直观感受人类在宇宙中的渺小，但我们对宇宙的认知经历了漫长的"从有限到无限，再回到有限"的过程。

我们的祖先认为，地球处于宇宙的中心，静止不动。在人类根据日常经验理解事物的时代，这个观点很有道理。毕竟，在地球绕地轴自转以及绕太阳公转时，我们无法感受到它在一直运动。在观察天空时，我们看到太阳、月亮、行星和恒星似乎每天都在绕着地球旋转。

然而，随着科学技术的发展，我们的宇宙观走向了"无限"，我们知道地球是一颗行星，处于一个非常普通的星系中，绕着一颗非常普通的恒星运行，而且宇宙充满了远超祖先想象的伟大奇迹。

现在，科学已经证实，我们根本没有希望看到或研究超出可观测宇宙范围的任何东西。这是因为，我们在空间上看得越远，在时间上就回溯到越早。因此，宇宙的年龄限制了可观测宇宙的范围，即我们原则上可以观测到的整个宇宙的部分。所以，现在我们只能观测和研究"有限的宇宙"。

我们的宇宙地址

要更明确地了解我们的位置，请看图 0-1 中所示的"我们的宇宙地址"。

地球是太阳系中的一颗行星，太阳系由太阳、行星及其卫星，以及岩质小行星和冰质行星在内的无数小天体组成。需要记住的是，太阳是一颗恒星，就像我们在夜空中看到的其他恒星一样。

太阳系属于银河系，银河系是一个巨大的盘状恒星集合。星系是太空中巨大的恒星岛，所有的恒星都由引力聚集在一起，并围绕一个共同的中心运行。银河系是一个相对较大的星系，包含 1 000 多亿颗恒星，我们认为大多数恒星被行星环绕着。太阳系位于银河系中心到银河系盘边缘一半多一点的位置。

数以亿计的其他星系散布在太空中，有些星系是孤立的，但大多数是成群的。例如，银河系是本星系群的 50 多个星系（大多数相对较小）中最大的两个星系之一。拥有更多更大星系的星系群通常被称为星系团。

在非常大的尺度上，星系和星系团似乎排列成巨大的链状和片状，而且它们之间有巨大的空洞。图 0-1 的背景所呈现的就是这种大尺度结构。星系和星系团最密集的区域被称为超星系团，超星系团其实是星系团的集合。本星系群位于本超星系团 ① 的外围。

_____

① 本超星系团 (Local Supercluster)，也被称为 Laniakea (拉尼亚凯亚)，夏威夷语，意思是"巨大的天堂"。——编者注

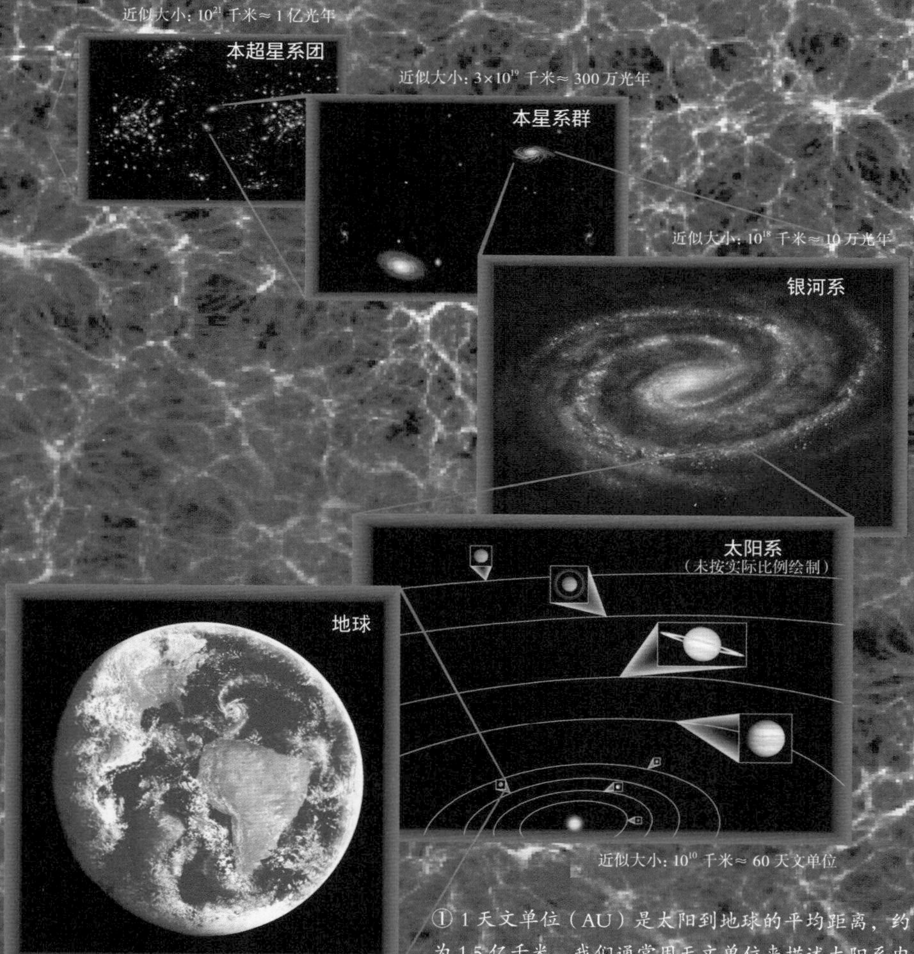

近似大小: 10^{21} 千米 ≈ 1 亿光年

本超星系团

近似大小: $3×10^{19}$ 千米 ≈ 300 万光年

本星系群

近似大小: 10^{18} 千米 ≈ 10 万光年

银河系

太阳系
（未按实际比例绘制）

地球

近似大小: 10^{10} 千米 ≈ 60 天文单位

近似大小: 10^4 千米

图 0-1 我们的宇宙地址

① 1 天文单位（AU）是太阳到地球的平均距离，约为 1.5 亿千米。我们通常用天文单位来描述太阳系内的距离。

② 1 光年（ly）是光在 1 年内传播的距离，约为 10 万亿千米。我们通常用光年来描述恒星和星系间的距离。

③ 1 光年约等于 9461 万亿千米，为方便展示和计算，本书多处将 1 光年约为 10 万亿千米。

　　所有这些结构共同构成了宇宙。换句话说，宇宙是所有物质和能量的总和，包括超星系团、空洞和它们中的一切。

　　当我们研究宇宙时，无法将空间与时间分开。光年是表示距离的单位，但它与光穿过太空所需的时间有关。以天狼星为例，它是夜空中最亮的恒星，距离地球约 8.6 光年。因为它发出的光需要 8.6 年时间才能走完这段距离，所以我们看到的天狼星并不是它今天的样子，而是它在 8.6 年前的样子。仙女星系（见图 0-2）距离我们大约 250 万光年，我们看到的是它大约 250 万年前的样子。

　　参宿四是猎户座中一颗明亮的红色恒星，距离我们大约 640 光年，这意味着我们看到的参宿四是它约 640 年前的样子。如果参宿四在过去 640 年里发生了爆炸，我们就不会知道有这颗星，因为爆炸发出的光还没有到达地球。

图 0-2　仙女星系

注：仙女星系也被称为 M31。插图展示的是仙女星系在仙女座的位置。

光在太空中传播需要时间，这一普遍认知带来了一个值得注意的事实：我们观察的地方离我们越远，在时间上就回溯得越早。

人类：宇宙最小的婴儿

与宇宙的年龄相比，人类的年龄是什么概念呢？我们可以自制一个宇宙日历，把宇宙 140 亿年的历史压缩为 1 年，这样每个月代表 10 亿年多一点。在这个宇宙日历上，大爆炸发生在 1 月 1 日的第一个瞬间，而现在则是 12 月 31 日午夜钟声响起之时（见图 0-3）。

在这个时间尺度上，银河系可能是在 2 月份形成的。在随后的几个月里，许多代恒星生存和死亡，使银河系充满了构成我们和地球的"恒星物质"。

太阳系和地球直到 9 月初才形成，到了 9 月下旬，地球上的生命开始蓬勃发展。然而，在地球历史的大部分时间里，生物仍旧相对原始和微小。

在宇宙日历上，直到 12 月中旬才明显识别出动物。早期的恐龙出现于圣诞节后的第 2 天。然后，在一瞬间，恐龙永远消失了，这可能是因为小行星或彗星的碰撞所致。按照实际时间，恐龙灭绝大约发生在 6 500 万年前，但在宇宙日历上是发生在昨天。随着恐龙消亡，毛茸茸的小哺乳动物出现在地球上。大约在 500 万年前，也就是宇宙日历 12 月 31 日晚上 9 点左右，早期的原始人（人类的祖先）开始直立行走。

宇宙日历最惊人之处是，整个人类文明史都集中在最后半分钟（见图 0-3b）：此刻的大约 11 秒前，古埃及人建造了金字塔；大约 1 秒前，开普勒和伽利略证明了地球绕太阳运行，而不是太阳绕地球运行；现在的大学生的平均出生时间大约是在 0.05 秒之前，也就是宇宙日历 12 月 31 日晚上 11:59:59.95。

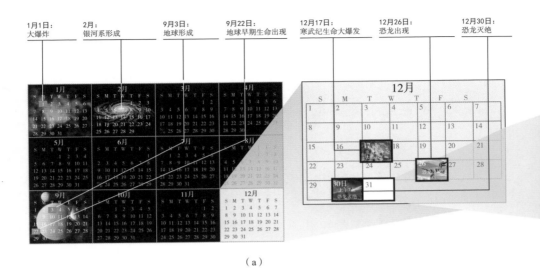

（a）

图 0-3　宇宙日历：用一年来呈现宇宙的历史

注：宇宙日历将宇宙 140 亿年的历史压缩为 1 年，这样每个月代表 10 亿年多一点。

资料来源：改编自卡尔·萨根创建的宇宙历法。

在宇宙时间的尺度上，人类是最小的婴儿，人的一生也只是一眨眼的瞬间。

现在再让我们回到宇宙尺度，宇宙不仅空间广袤，而且时间无垠。有些人认为，在浩瀚的宇宙中，我们微小的体型使我们显得微不足道；而另一些人认为，尽管我们体型很小，但我们了解宇宙奇迹的能力却使我们的存在具有重大意义。正如天文学家卡尔·萨根所说，我们是由"恒星物质"构成的。

构成我们和地球的大部分物质都是在恒星内部产生的，这些恒星在太阳诞生之前就存在和消亡了。所以，如果想要了解我们人类是如何形成的，就要追溯恒星的诞生。

太阳系在约 45 亿年前形成时，早期的几代恒星已将银河系中高达 2% 的原始氢和氦转化为较重的元素。因此，孕育了太阳系的星云由大约 98% 的氢和氦以及 2% 的其他元素构成，这 2% 的其他元素看起来可能很少，但它们足

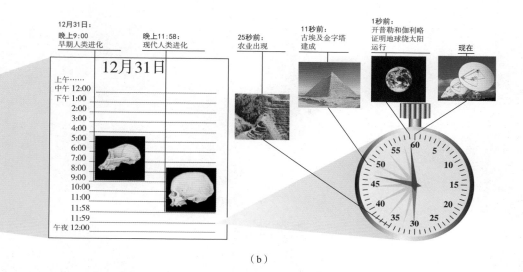

（b）

以形成包括地球在内的太阳系小型岩质行星。

在地球上，这些元素中的一部分成为了生命的原始成分，最终发展成如今地球上各种各样的生命。

恒星物质的循环与我们的存在有着更深层次的联系。通过研究不同年龄的恒星，我们了解到，早期宇宙只含有最简单的化学元素：氢和氦（以及微量的锂）。我们自身和地球主要由其他元素构成，如碳、氮、氧和铁。这些元素从何而来？有证据表明，它们是由恒星产生的，有些是通过使恒星发光的核聚变产生的，大多数则是通过与结束恒星生命的爆炸一起发生的核反应产生的。

要想了解人类完整的生命图谱，还需要了解宇宙的历史。图0-4总结了现代科学所了解的宇宙的历史。我们从图的左上角开始，探讨宇宙历史中的重要事件及其它们的意义。

宇宙的诞生：宇宙的膨胀始于炽热而密集的大爆炸。这些立方体展现了宇宙的一个区域随时间的推移而膨胀的过程。宇宙不断膨胀，但在较小的尺度上，引力把物质聚集在一起，形成了星系

作为宇宙循环工厂的星系：早期的宇宙只含有两种化学元素，即氢和氦。所有其他元素都是由恒星产生的，而银河系这样的星系就像宇宙循环工厂。将濒死恒星排出的物质循环到新一代恒星中

恒星诞生于气体云和尘埃云；行星可能形成于周围的圆盘中

大质量恒星死亡时会爆炸，将它们产生的元素散射到太空中

恒星因核聚变而释放的能量发光，核聚变最终产生了所有比氢和氦重的元素

地球与生命：太阳系在 45 亿年前诞生时，大约有 2% 的原始氢和氦转化为较重的元素。我们属于"恒星的产物"，因为我们和地球都是由很久以前诞生和死亡的恒星产生的元素构成的

恒星的生命周期：许多代恒星在银河系中生存和死亡

图 0-4　宇宙起源

140 亿光年的星际旅行

就像航海家和冒险家用脚步探索地球的形状，我们是否能驾驶星际飞船来探索宇宙可观测的边缘呢？虽然像《星际迷航》（*Star Trek*）和《星球大战》（*Star Wars*）这样的科幻小说使星际旅行看起来很容易，但现实远非如此。我们可以跟随"旅行者 2 号"宇宙飞船的脚步，一起了解抵达半人马座阿尔法星需要多久。

"旅行者 2 号"于 1977 年发射升空，1979 年飞越木星，1981 年飞越土星，1986 年飞越天王星，1989 年飞越海王星，如今以每小时近 5 万千米的速度飞向恒星，这个速度大约是高速子弹速度的 100 倍。但即使以这个速度，如果"旅行者 2 号"朝着半人马座阿尔法星方向前进（事实并非如此），也需要大约 10 万年才能到达。

那么，可观测的宇宙到底有多大呢？宇宙的测定年龄大约是 140 亿年。这一事实再加上遥望遥远的太空意味着回溯遥远的过去的事实，这两者限制了我们能观测到的宇宙的部分。也就是说，如果我们试着观察 140 亿光年以外的地方，我们就是在回溯它 140 亿光年前的样子，当时宇宙还不存在，这就意味着我们什么也看不到。因此，140 亿光年的距离标志着可观测宇宙的边界（或视界），即我们能够观测到的整个宇宙的部分（见图 0-5）。

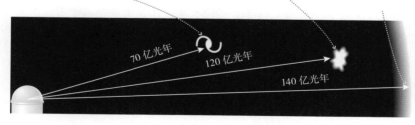

遥远：观察距离我们 70 亿光年的星系，我们看到的就是它 70 亿年前的样子，当时宇宙的年龄是现在年龄的一半

更遥远：观察距离我们 120 亿光年的星系，我们看到的就是它 120 亿年前的样子，当时宇宙的年龄大约只有 20 亿岁

可观测宇宙的极限：来自近 140 亿光年以外的光呈现的是宇宙大爆炸后不久的样子，那时星系尚不存在

在可观测宇宙以外：我们无法看到超过 140 亿光年以外的任何东西，因为光还没有足够的时间到达地球

70 亿光年

120 亿光年

140 亿光年

图 0-5　可观测宇宙的范围

注：我们在空间上看得越远，在时间上就回溯得越早。因此，宇宙的年龄限制了可观测宇宙的范围，即整个宇宙中我们可以观测到的部分。

140 亿光年是一个不可思议的尺度，似乎已经超出了我们理解范畴。为了更好地了解宇宙的大小和距离，我们接下来把宇宙尺度进一步缩小成你能感知的日常尺度。

太阳系的尺度

要了解宇宙的大小和距离，最好的方法之一就是想象把太阳系缩小到你可以在其中穿行的尺度。"远航"太阳系比例模型（见图 0-6）以实际值的100 亿分之一呈现太阳系的大小和距离，从而使这一想象成为可能。

图 0-6　"远航"太阳系比例模型

注：这张照片展示的是位于华盛顿的"远航"太阳系比例模型中支撑太阳和内行星的基座，模型中太阳是距离最近的基座上的金色球体。行星模型嵌在面向人行道的圆盘中，大约与人的眼睛处于同一高度。左边是美国国家航空航天博物馆。

图 0-7a 展示的是太阳和太阳系行星在"远航"太阳系比例模型中的实际大小（并非距离）：太阳大约是一个葡萄柚那么大，木星大约是一个弹珠那么大，而地球大约是一个圆珠笔的笔珠那么大。你可以由此快速了解太阳系的一些重要事实。例如，太阳比任何行星都大得多，就质量而言，太阳的质量几乎比所有行星质量的总和还要大 1 000 倍。行星的体积也相差很大：木星上被称为"大红斑"的风暴（位于图 0-7a 中木星的左下角），可以吞噬整个地球。

将图 0-7a 所示的天体大小与图 0-7b 中"远航"模型所示的距离结合起来，

太阳系的尺度会变得更加惊人。例如，笔珠大小的地球距葡萄柚大小的太阳约15米，这意味着你可以把地球的轨道想象成一个半径为15米，绕着葡萄柚旋转的圆。

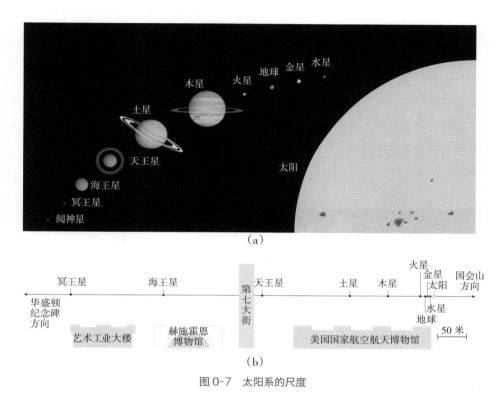

（a）

（b）

图 0-7　太阳系的尺度

注：图（a），太阳、八大行星和已知最大的两颗矮行星按比例缩放后的大小（距离并未按同一比例绘制）。图（b），位于华盛顿的"远航"模型中主要天体的位置。"远航"模型以实际值的 100 亿分之一呈现太阳系中天体的体积和距离。在模型中，行星排成一列，但实际上，每颗行星独自绕太阳运行，永远不会出现行星完美排成一列的现象。

当我们观察按比例缩放的太阳系时，我们会发现太阳系最显著的特征也许就是它的空旷。"远航"模型展现的行星排成了一列，因而我们需要画出每颗行星绕太阳运行的轨道才能展示行星系的全部。要想画出所有这些行星的轨道，就需要一个边长大于 1 千米的区域，相当于排成网格状的 300 多个橄榄球场那么大。在这片广阔的区域里，足够大且能被观测到的只有葡萄柚大小的太阳、行星和几颗卫星，其余的区域看起来几乎是空的。（这就是我们称之为空间的原因！）

　　观察按比例缩放的太阳系也有助于我们正确看待太空探索。月球是唯一一个人类曾涉足过的其他星球（见图0-8），在"远航"模型中，月球距离地球只有大约4厘米。在这个比例下，你的手掌可以覆盖人类迄今为止所涉足过的整个宇宙区域。火星与地球运行的轨道虽位于同一侧，但地球到火星的距离是地球到月球距离的150多倍。虽然在"远航"模型中你可以在几分钟内从地球走到冥王星，但在2015年飞越冥王星的"新地平线号"（New Horizons）探测器却用了9年多的时间才完成这一航程，尽管其飞行速度几乎是商用飞机的100倍。

图0-8　人类首次登月

注：这张著名的照片拍摄于1969年7月"阿波罗11号"（Apollo 11）首次登月时，照片中，宇航员巴兹·奥尔德林（Buzz Aldrin）戴着的面罩上反射出了尼尔·阿姆斯特朗（Neil Armstrong）的身影。阿姆斯特朗是第一个登上月球表面的人，他说："这是我个人迈出的一小步，却是人类迈出的一大步。"当被问及这张照片为什么如此具有代表性时，奥尔德林回答说："位置，位置，位置！"

到恒星的距离

　　如果参观位于华盛顿的"远航"模型，从太阳到冥王星你只需要走600米。在这样的比例下，你要走多远才能到达最近的另一颗恒星呢？

　　令人惊讶的是，你需要走到加利福尼亚州。如果觉得难以置信，你可以自己验证一下。1 光年大约是 10 万亿千米，在 100 亿分之一的比例尺下就是 1 000 千米（10 万亿 ÷ 100 亿 = 1 000）。离我们最近的恒星系统是一个叫作半人马座阿尔法星（见图 0-9）的三星系统，它距离我们大约 4.4 光年，这个距离在 100 亿分之一的比例下大约是 4 400 千米，大致相当于横跨美国的距离。

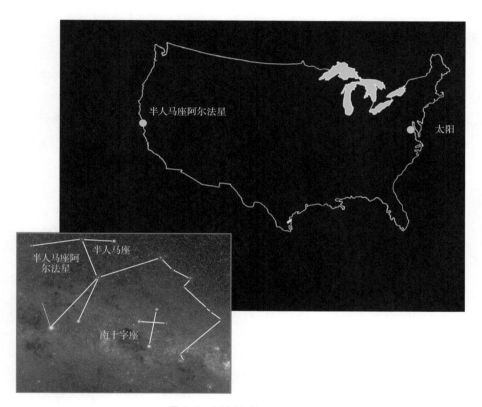

图 0-9　到达最近恒星的距离

注：按照 100 亿分之一的比例，你可以在几分钟内从太阳走到冥王星，但需要穿越美国才能到达最近的另一个恒星系统，即半人马座阿尔法星。插图显示的是半人马座阿尔法星在星座中的位置和外观。

恒星之间的遥远距离使我们对天文学面临的技术挑战有了一些认知。例如，由于半人马座阿尔法星中最大的恒星与太阳的大小和亮度大致相同，因此在夜空中对这颗恒星进行观测，有点像在华盛顿观测旧金山非常明亮的葡萄柚（忽略地球曲率带来的问题）。我们能够看到这颗恒星，似乎非常了不起，但在漆黑的夜空中，肉眼只能看到一个微弱的光点，而通过高倍望远镜观测，它看起来要亮得多，但我们仍然无法看到这颗恒星表面的特征。

因此，探测绕近距恒星运行的行星十分困难，这相当于在华盛顿遥望加利福尼亚州或更远的地区，寻找绕葡萄柚运行的圆珠笔笔珠或弹珠。考虑到这一挑战，当你发现我们现有的技术能够找到这样的行星时，你会更加惊讶。

银河系的大小

我们必须改变模型中的比例才能形象地展现银河系，因为如果用我们形象地展现太阳系的 100 亿分之一的比例，那么能与地球一起呈现的恒星没有几个。因此，我们需把比例再缩小，变为 1 000 亿亿分之一。

按照这个新的比例，1 光年变成了 1 毫米，而银河系的直径 10 万光年就变成了 100 米，这大约相当于一个橄榄球场的长度。想象一个橄榄球场大小的比例模型，在这个模型中，银河系为球场的中心（见图 0-10）。整个太阳系就是 20 码[①]线附近的一个小点。按照这个比例，太阳系与半人马座阿尔法星之间的 4.4 光年距离仅为 4.4 毫米，比你的小指还要细。如果你站在这个模型中太阳系的位置，数百万个恒星系统就在你触手可及的范围内。

了解银河系的另一种方法是了解它的恒星数量，它有 1 000 多亿颗恒星。想象一下，今夜你难以入眠（也许是因为你在思考宇宙的尺度），你决定数星星，而不是数羊。如果你每秒能数出 1 颗恒星，那么你需要多长时间才能数完银河中的 1 000 亿颗恒星呢？显然，答案是 1 000 亿（10^{11}）秒，这是多长时间呢？令人惊讶的是，1 000 亿秒比 3 000 年还要长（你可以用 1 000 亿除以 1 年的秒数来验证这一点）。只是数数银河系中的恒星就需要几千年的时间，而且这还得假设你从不休息，不睡觉也不吃饭，并且绝对不能死亡！

---

① 20 码 ≈18.288 米。——编者注

图 0-10　银河系模型

注：这张图展示的是按比例缩放的银河系，银河系的直径相当于一个橄榄球场的长度。按照这个比例，恒星极小，太阳系与半人马座阿尔法星之间的距离只有 4.4 毫米。银河系中的恒星数量众多，光是把它们大声数出来就需要几千年的时间。

尽管银河系的尺度已经令人难以置信，但银河系只是可观测宇宙中 1 000 多亿个大型星系中的 1 个。就像数清银河系中的恒星需要几千年的时间一样，数清可观测宇宙中的所有星系也需要几千年的时间。

思考一下宇宙中所有这些星系中恒星的总数。如果我们假设有 1 000 亿个星系，每个星系有 1 000 亿颗恒星，那么可观测宇宙中恒星的总数大约是 1 000 亿 ×1 000 亿，或者说是 10 000 000 000 000 000 000 000（10^{22}）。这个数字有多大？去海滩上看看，用手抓起细沙，想象一下数清每一粒从手指间滑落的沙子，然后数清海滩上的所有沙子，接着数清地球上所有海滩上的沙子。如果你真的能完成这个任务，你会发现可观测宇宙中恒星的数量与地球上沙子的数量相当。

从大爆炸的混沌到宇宙的秩序

通过望远镜对遥远星系进行的观测表明，整个宇宙都在膨胀，这意味着星系之间的平均距离随着时间的推移在不断增大。这一事实表明，星系之间的距离在过去一定很小，如果我们回溯到足够早的时间，就一定会到达膨胀的起始点。我们把这个起始点称为大爆炸，科学家根据观测到的膨胀速度计算出大爆炸大约发生在 140 亿年前。

自大爆炸以来，整个宇宙一直在膨胀，但在较小的尺度上，引力将物质聚集在一起。在星系和星系团这样的结构存在的区域中，引力战胜了整体的膨胀，也就是说，当整个宇宙在不断膨胀时，单个星系和星系团（以及其中的天体，如恒星和行星）不会膨胀。图 0-4 中的 3 个立方体也说明了这一观点。注意：当立方体整体变大时，其中的物质会聚集成星系和星系团。包括银河系在内的大多数星系都是在宇宙大爆炸后的几十亿年内形成的。

恒星生存与星系循环

在像银河系这样的星系中，引力使气体云和尘埃云坍塌，从而形成恒星和行星。恒星不是有生命的有机体，但它们仍会经历"生命周期"。当引力将云中的物质压缩到中心足够致密，温度足够高，足以通过核聚变产生能量时，恒星就诞生了。在核聚变过程中，轻原子核相互碰撞，并融合（或聚变）形成更重的原子核。只要能利用聚变产生的能量发光，恒星就会"活着"，而当可用的燃料耗尽时，它就会"死亡"。

在死亡的最后阶段，恒星把其大部分物质抛回太空。质量最大的恒星死于被称为"超新星"的巨大爆炸。返回的物质与星系中飘浮在恒星之间的其他物质混合在一起，最终成为新的气体云和尘埃云的一部分，新一代恒星可以由此诞生。因此，星系就像宇宙循环工厂，将濒死恒星排出的物质循环到新一代的恒星和行星中。太阳系就是许多代这样循环的产物。

行星：宇宙的漫游者

要想快速了解行星的诞生，冥王星的故事是一个好的开始。从冥王星命名的历史沿革，你还可以看到科学家如何对天体进行分类，以及科学分类如何根据新的发现进行修正。

冥王星于 1930 年被发现后，很快就被赋予了行星的地位，一部分原因是天文学家当时正在积极寻找行星，另一部分原因是他们最初高估了冥王星的质量。

尽管如此，冥王星从一开始就显然与已知的行星格格不入。冥王星绕太阳运行 1 周需要 248 年，与任何其他行星的轨道相比，其轨道的形状更加细长，倾斜度更高（见图 0-12）。天文学家确定了它的质量和成分后，冥王星显得更加格格不入了：它的质量只有水星质量的 1/25 左右，而水星是前 8 颗行星中最小的；此外，冥王星的富冰成分更像彗星，而不像其他行星。

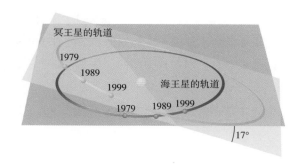

图 0-12 冥王星的运行轨道

注：与其他行星的轨道相比，冥王星的轨道更加细长，倾斜度更高。冥王星绕太阳 1 周需要 248 年，其中有 20 年时间比海王星距太阳更近，1979—1999 年间的情况就是如此。但冥王星与海王星不会有碰撞的危险，因为冥王星公转 2 周时海王星恰好公转 3 周。

冥王星质量小，轨道与众不同，而且组成成分类似彗星，因此人们对它作为行星的地位产生了争议。自 20 世纪 50 年代以来，科学家逐渐了解到，我们看到的内太阳系的许多彗星都来自太阳系的同一区域，而冥王星就在这个区域内运行。这个区域称为柯伊伯带。

20 世纪 90 年代，天文学家利用先进的望远镜技术发现了柯伊伯带内运行的大量天体，其中有些天体并不比冥王星小很多。2005 年，天文学家迈克·布朗（Mike Brown）宣布发现了阋神星，阋神星比冥王星稍大一些。这一发现促使天文学家开始思考，阋神星和其他与冥王星大小相似的天体是否都应算作行星呢？

通过肉眼观察夜空，恒星和行星之间的区别并不明显。事实上，"恒星"一词在历史上几乎用来指夜空中任何发光的物体，包括行星以及被称为"流星"的短暂闪过的光，而现在我们知道，流星是彗星尘埃进入地球大气层造成的。只有经过数日或数周的观察，肉眼才能清楚地区分恒星和行星：恒星在星座中的位置保持不变，而行星似乎在星座间缓慢移动。

Planet（行星）来自希腊语，意思是"漫游者"。在古代，"行星"指所有看上去在星座中移动或漫游的天体，太阳和月亮被视为行星，因为它们在星座中稳步移动；地球不算作行星，因为我们在天空中看不到它，而且它被认为在宇宙的中心静止。因此，古代的观测者认为，有 7 个天体是行星：太阳、月亮和肉眼可见的 5 颗行星（水星、金星、火星、木星和土星）。这 7 个天体的特殊地位仍体现在对 1 周 7 天的命名中。在英语中可明显看出：周日是太阳日，周一是月亮日，周六是土星日。而如果你懂西班牙语，就能知道其余的日子：周二是火星日，周三是水星日，周四是木星日，周五是金星日。[①]

大约 400 年前，当我们认识到地球不是宇宙的中心，而是绕太阳运行的天体时，行星的定义开始发生变化。"行星"一词后来表示绕太阳运行的任何天体，这一定义将地球加入行星的行列中，而去掉了太阳和月亮（因为月球绕地球运行）。这一定义成功地将 1781 年发现的天王星和 1846 年发现的海王星涵盖在内，并且易于描述其他恒星周围的行星。

---

① 英语中，Sunday（周日）、Monday（周一）、Saturday（周六）分别与 Sun（太阳）、Moon（月亮）、Saturn（土星）相对应；西班牙语中，martes（周二）、miércoles（周三）、jueves（周四）、viernes（周五）分别与英文中的 Mars（火星）、Mercury（水星）、Jupiter（木星）及 Venus（金星）相对应。——译者注

随着科学家开始发现小行星（1801 年发现了谷神星），这个定义的缺陷就显现出来了。谷神星最初被誉为新的"行星"，但随着发现的小行星数量的增加，以及小行星比传统行星都小得多，于是科学家判定，这些相对较小的行星只能算作"小行星"。如今，根据组成的不同，我们将较小的行星称为"小行星"或"彗星"，而诸如谷神星这样较大的小行星，则被称为"矮行星"。

天体的名称和定义由国际天文学联合会正式审定，该联合会由来自世界各国的天文学家组成。该联合会成员审议了"行星"这一术语许多可能的定义，其中一个提议的定义是：质量足够大，足以使自身因引力而成为圆球形的天体。

认可这一定义的天文学家认为：天体是否能成为行星只取决于该天体的内在特性，而不包括其轨道的属性；而且天体是否为圆球形是一个很好的指标，可以检验天体是否足够大，足以使其有过"类行星"的地质活动。"新地平线号"探测器在 2015 年飞越冥王星及其卫星卡戎时拍摄的生动的照片证实了后一种观点（见图 0-13）。不认可该定义的天文学家指出：这一定义不仅会大大增加太阳系中行星的官方数量，还意味着把许多大卫星，包括地球的卫星月球，都算作了行星。

图 0-13　冥王星和它最大的卫星卡戎

注：这张照片是"新地平线号"探测器在 2015 年飞越冥王星及卡戎时拍摄的。正如我们将在后文进一步讨论的，可见的天体表面特征为我们提供了明确的证据，证明这两个天体都有着有趣的地质历史，而且冥王星的地质活动可能仍在进行中。

资料来源：图中冥王星和卡戎按实际比例显示。

最终确定的行星定义是由国际天文学联合会在 2006 年的一次投票中选出的，这个定义既注重体积的大小，也注重天体的轨道，它将行星定义为具有以下特征的天体：（1）绕恒星运行（但自身不是恒星）[①]；（2）质量足够大，足以使自身因引力而成为圆球形；（3）有独立的轨道区域。这个定义将卫星排除在外，因为卫星绕行星而不是绕恒星运行。这个定义也将冥王星和阋神星排除在外，因为尽管它们绕太阳运行，也是圆球形，但它们与许多体积类似的天体共享轨道区域。

未来的挑战

虽然目前采用的行星定义仍存在一些争议，但它在按体积划分太阳系中天体方面十分有效。如图 0-14 所示，8 颗行星被清晰地分为两组，而冥王星和阋神星显然不属于这两组。尽管如此，目前的定义很可能在未来遇到挑战，而有些挑战可能很快就会出现。在过去几年里，天文学家发现，外太阳系的许多小天体似乎都遵循着同一种轨道模式，这表明它们被一个尚未发现的天体的引力牵引着，该天体的质量至少是地球的几倍。目前，天文学家正在积极寻找这个被称为"第九颗行星"的天体。但值得注意的是，如果这颗行星真的存在，它很可能与许多其他富含冰的天体共享太阳系的同一区域。这意味着，尽管它的质量很大，但根据目前的定义，它不能算作行星。即使这个天体在太阳系中不存在，也可能会在其他星系中找到类似的天体，这样就必须再次考虑行星的定义了。

从这场争论中，我们可以得到的最重要的科学认识是：科学始于我们对周围世界的观察，观察之后，我们经常试着对所发现的事物进行分类。科学的分类有助于理清思维，并为开展讨论提供共同的体系。然而，自然并不一定遵循我们所提出的分类系统。

---

① 官方采用的定义仅指绕太阳运行的天体，但天文学家也将此定义用来指绕其他恒星运行的"行星"。

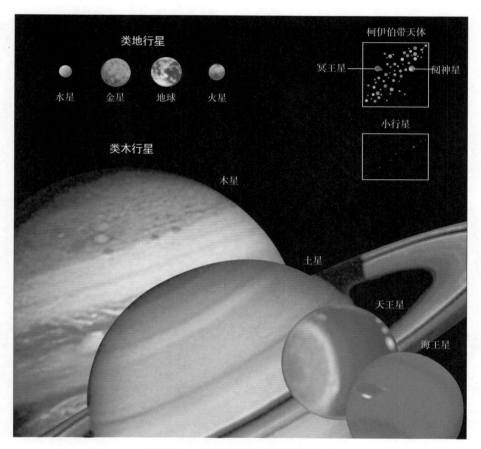

图 0-14 太阳系中不同天体的相对大小

注：8颗行星被清晰地分为两组，即类木行星（木星、土星、天王星和海王星）和类地行星（水星、金星、地球和火星）。冥王星和阋神星显然属于另一组质量更小但数量更多的天体。

我们把冥王星这样的天体称为行星、矮行星还是大彗星，可能会影响我们对它的看法，但并不会改变它的实际状况，也不会改变我们对它的科学兴趣。科学的关键之一是学会不断调整我们对组织和分类的概念，以更准确地反映和解释自然本质。当我们发现新事物时，有时必须改变它原有的定义。

01

四季星空是如何变化的

妙趣横生的宇宙学课堂

· 夏天和冬天为什么不能同时出现?

· 星空是如何随季节运动的?

· 为什么月球总是一面朝向地球?

· 为什么会有日食和月食?

· 科学家如何解释 "水星逆行"?

The Cosmic Perspective Fundamentals >>>

　　章首页背景图是采用定时曝光拍摄的照片，摄于美国犹他州阿切斯国家公园。照片显示，整个天空似乎每天都在绕着地球北极（对于南半球来说是南极）上方的一点旋转。远在北边的恒星，就像透过拱门看见的一样，在地平线以北以圆形轨迹运行；而其他恒星，以及太阳、月球和行星，沿着穿越地平线的圆形轨迹运行。

　　这很好地解释了它们每天东升西落的原因。天空每天都在不停地运转，因此我们的祖先往往认为宇宙是绕着地球旋转的。如今，我们知道，这其实是因为地球每天在自转，使得天空看起来也像在转动。

　　本章内容，你将"仰望星空"，深入学习天空中微妙的变化模式是如何揭示宇宙的运行规律的。

Q1　夏天和冬天为什么不能同时出现？

　　许多人认为，季节更替是由地球与太阳的距离变化而引起的。如果真是这样，那么地球上就会同时出现夏季和冬季，但事实并非如此，南北半球的季节正好相反。事实上，地球轨道距离的微小变化对天气几乎没有影响。地轴倾斜，使两个半球在一年中轮流靠近太阳，这才是季节产生的真正原因。

　　接下来，我们将从太阳的运行轨迹出发，详细了解"夏日炎热，昼长夜短；冬日寒冷，昼短夜长"的四季变化成因，以及地球之外的其他行星的季节特点。

　　由于地轴倾斜，太阳光在一年中的不同时间垂直照射地球的不同位置，季节由此形成。要准确理解季节的形成原理，首先要看地球自转时，太阳每天在天空中是按照什么轨迹运行的，还要看地轴倾斜和地球自转轨道是如何使太阳每年的运行轨迹发生变化的。

太阳每天的运行轨迹

　　太阳每天在天空中的大致运行轨迹相当简单，如果你不是生活在北极圈或南极圈，那么太阳总是从东边升起，正午时分到达最高点，然后从西边落下。古人认为太阳每天绕着地球转，但如今我们知道，太阳每天的东升西落是地球自转的结果。就像你在原地旋转时，世界仿佛围着你转一样，太阳似乎在绕着旋转的地球转动。然而，虽然太阳运行的大致轨迹是相同的，但太阳在天空中的精确运行轨迹随季节的变化而变化。

　　为了更清楚地描述太阳每天的运行轨迹，就需要界定天空中的几个关键参照点（见图 1-1 ）：地球和天空的分界线被称作地平线；正上方的点是天顶；子午线是一个半圆形的虚构线，从地平线正南起，穿过天顶，一直延伸到地平线正北。天空中任何物体的位置

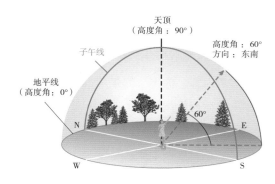

图 1-1　天空中的关键参照点

注：站在地球上的任何地方仰望天空，天空看起来都像一个穹顶（半球）。图中展示了天空中的关键参照点，同时也展示了如何通过海拔和方向来界定天空中的任何一个位置。

都可以通过相对于地平线的方向（有时用方位角表示）和高度（可用高度角表示）来精确界定。

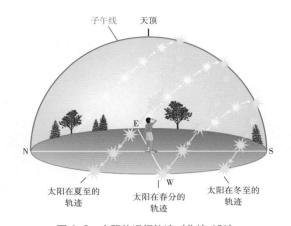

图 1-2 太阳的运行轨迹（北纬 40°）

注：图中展示了太阳在北半球（北纬 40°）的运行轨迹，在其他纬度的精确轨迹与此不同。

如图 1-2 所示，在一年中的不同时间，太阳在北半球某个位置的运行轨迹是不同的：夏季，太阳的运行轨迹长而高，从正东偏北方向升起，从正西偏北方向落下；冬季，太阳的运行轨迹短而低，从正东偏南方向升起，从正西偏南方向落下。值得注意的是，在这个纬度，太阳从不直接经过天顶；只有在地球上北纬 23.5° 和南纬 23.5° 之间的热带地区，太阳才经过天顶。

季节的成因

太阳的运行轨迹随季节变化的原因可通过 4 步来说明（见图 1-3）。

（1）"地轴倾斜"说明了地轴相对于地球的公转轨道是倾斜的。需要注意的是，地轴在一年中始终指向同一个方向（朝向北极星）。因此，地轴相对于太阳的方向会随着公转而变化：北半球在 6 月时靠近太阳，在 12 月时远离太阳，而南半球则相反。这就是南、北半球季节相反的原因。

（2）"北半球夏季/南半球冬季"展示了 6 月的地球。由于地轴倾斜，太阳直射北半球、斜射南半球。太阳直射使北半球处于夏季：如图 1-3 所示，太阳直射意味着太阳光更集中，天气更加温暖；太阳接近直射就意味着太阳沿着更长、更高的运行轨迹穿过天空，这样北半球日照时间长，太阳就能使北半

① **地轴倾斜**: 地轴全年都指向同一个方向, 由此引起地球相对于太阳的方向发生变化

② **北半球夏季/南半球冬季**: 6月, 阳光直射北半球, 因为阳光照射更集中, 太阳在天空中运行的轨迹更长、位置更高, 因此北半球是夏季。南半球受阳光直射较少, 因此南半球是冬季

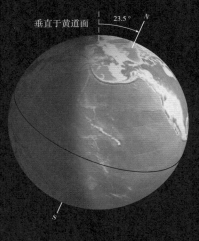

垂直于黄道面   23.5°

N

S

要正确解读季节图, 需牢记:

· 相对于地球的运行轨道来说, 地球非常小, 因此南、北半球与太阳的距离基本相同
· 上图为地球轨道的侧视图。下图为地球轨道的俯视图, 地球沿着接近正圆的轨道运行, 而且在1月时离太阳最近

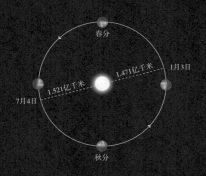

春分

1.471亿千米   1月3日

1.521亿千米

7月4日

秋分

夏至
北半球直接面向太阳

在北半球, 正午阳光垂直照射地面, 意味着阳光较集中, 产生的影子较短

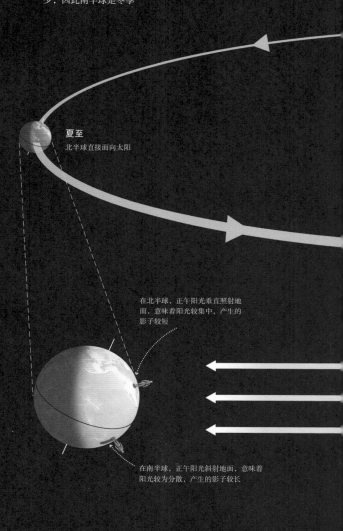

在南半球, 正午阳光斜射地面, 意味着阳光较为分散, 产生的影子较长

图 1-3 季节的成因

注: 地球上的季节是由地球自转轴的倾斜造成的, 这就是两个半球的季节相反的原因。季节的形成并不是因为地球与太阳之间距离的远近, 两者之间的距离在一年中只会发生微小的变化。

③ **春季/秋季：** 春季和秋季开始时，太阳均等照射两个半球，这种情况每年发生两次；3月，北半球开始进入春季，南半球开始进入秋季；9月，北半球开始进入秋季，南半球开始进入春季

④ **北半球/南半球夏季：** 12月，阳光较少直射北半球，因为太阳能较为分散，太阳在天空中运行的轨迹更短、位置更低，因此北半球是冬季，阳光直射南半球，因此南半球是夏季

春分

太阳均等照射两个半球

地球相对于太阳的方向发生变化，这表明季节与地球运行轨道上的4个特殊位置相关：
· 夏至、冬至时，两个半球上的阳光最强烈或最不强烈
· 春分、秋分时，太阳均等照射两个半球

冬至

南半球直接面向太阳

秋分

太阳均等照射两个半球

在北半球，正午阳光斜射地面，意味着阳光较为分散，产生的影子较长

在南半球，正午阳光直射地面，意味着阳光较集中，产生的影子较短

球温暖。而此时南半球的情况正好相反：太阳斜射，阳光较分散，太阳穿过天空的运行轨迹又短又低，南半球处于冬季。

（3）"春季/秋季"展示了 3 月和 9 月的地球，太阳均等照射两个半球，从冬季过渡到夏季的半球是春季，从夏季过渡到冬季的半球是秋季。

（4）"北半球冬季/南半球夏季"展示了 12 月的地球。随着地球绕太阳公转，太阳照射的角度逐渐发生变化。在地球运行轨道的另一端，北半球已经变成了冬季，南半球变成了夏季。

因此，季节的产生是地轴倾斜以及地球绕太阳公转这两个因素共同作用的结果。如果地轴不是倾斜的，就不会有季节变换。

夏至、冬至和春分、秋分

为便于识别季节更迭，我们界定了一年中的 4 个特殊日子，每个特殊日子都与图 1-3 中地球轨道上的 4 个特殊位置一一对应：

- 6 月 21 日左右是北半球的夏至。夏至这一天，北半球距离太阳最近，受太阳直射最多。
- 12 月 22 日左右是北半球的冬至。冬至这一天，北半球受太阳直射最少。
- 3 月 21 日左右是北半球的春分。春分这一天，北半球从略微远离太阳转向略微靠近太阳。
- 9 月 22 日左右是北半球的秋分。秋分这一天，北半球从略微靠近太阳转向略微远离太阳。

夏至、冬至和春分、秋分的确切日期可能会和上面提到的日期相差几天，具体日期取决于当前处于闰年周期中的哪一年。每 4 年增加 1 个日历日（2 月 29 日），这一年为闰年，但不能被 400 整除的世纪年不是闰年（如 1700 年、

1800 年和 1900 年都不是闰年，而 2000 年是闰年）。通过增加闰日，可使日历年的平均天数与一年的真实天数最为接近，即接近 365.25 天，这样日历与季节才会保持一致。

每个季节的第一天

人们通常认为，春分、秋分或夏至、冬至标志着每个季节的开始。例如，在北半球，夏至通常被称为"夏季的第一天"。但要注意，此时北半球朝向太阳的倾斜度最大。你可能会想，为什么夏至是夏季的开始，而不是夏季的中点呢？

这要从两个方面进行说明：第一，古人确定太阳到达天空极端位置的日子要比确定中间位置的日子容易得多，比如夏至是太阳到达最高点的日子；第二，人们通常根据天气判断季节，如夏季最炎热的天气往往在夏至后 1 ~ 2 个月出现。想想你加热一锅冷汤时会出现的情形就不难理解了：即使一开始就把炉子温度调得很高，汤还是需要一段时间才会热起来；同理，从寒冷的冬季到炎热的夏季，阳光也需要一段时间来加热地面和海洋。就天气而言，北半球的"盛夏"出现在 7 月底和 8 月初，因此选择将夏至作为"夏季第一天"是很合理的。类似的逻辑也适用于春季、秋季和冬季的起始时间。

> **· 趣味问答 ·**
>
> ### 太阳什么时候会正对头顶呢？
>
> 很多人回答是"正午"。的确，太阳在每天穿过子午线时到达最高点，所以产生了"正午"这一术语（虽然穿过子午线的时间很少恰好是中午 12 点）。然而，除非在热带地区（南纬 23.5°和北纬 23.5°之间），否则太阳永远不会正对头顶。实际上，我们四处走动时，只要能看到太阳，就可以肯定太阳不在头顶。除非躺着，否则要看到头顶上的物体，就得把头向后仰，但这个姿势非常不舒服。

世界各地的季节

世界各地的季节有不同的特点。高纬度地区极端气候现象更多。例如，美国佛蒙特州夏季的白天和冬季的夜晚都比佛罗里达州长。在北极圈（北纬66.5°），太阳在夏至日全天都处在地平线以上（见图1-4），而在冬至日从不升起（尽管光线在大气中弯曲，使太阳看起来似乎比实际高0.5°）。最极端的情况出现在南北两极：夏季时，太阳位于地平线以上的时间为6个月；冬季时，太阳位于地平线以下的时间为6个月。

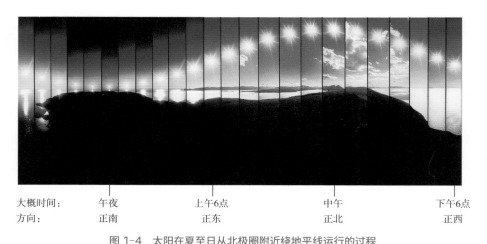

大概时间：	午夜	上午6点	中午	下午6点
方向：	正南	正东	正北	正西

图 1-4　太阳在夏至日从北极圈附近绕地平线运行的过程

注：太阳在午夜时掠过北边的地平线，然后逐渐升起，在正午出现在正南方向时到达最高点。

赤道地区的季节也不尽相同，因为在春分和秋分时赤道受到太阳直射最多，而在夏至和冬至时受到太阳直射最少。因此，与高纬度地区会经历四季不同，赤道地区通常只有雨季和旱季，雨季来临时，太阳高挂空中。

Q2　星空是如何随季节运动的？

我们已经了解了天气的季节性变化以及太阳在天空中每天的运行

轨迹，我们也可以通过观察夜空来了解四季和一年中的时间点。例如，从北半球看，猎户座的星星在 1 月晴朗的夜晚格外明亮（见图 1-5），但在 7 月的晚上则完全看不见。要了解其中的原因，必须先了解夜空的大致状况。

图 1-5　猎户座

注：用双筒望远镜或天文望远镜就可以看到，其中一颗较暗的"恒星"其实是一团星际云，被称作猎户座星云，许多恒星诞生于此。猎户座在北半球冬季（南半球夏季）的夜空中非常耀眼。请注意：从南半球看的话，这张照片就得转个方向，猎户座应在天空的北半部，而不是南半部。

星座

几乎所有文化群体都给他们在天空中看到的恒星组成的图案取了名字，我们通常将这样的图案称为"星座"。但对天文学家来说，"星座"这一术语却有更精确的含义：星座是天空中有明确边界的区域，就像美国大陆的每一块土地都属于某个州一样，天空中的每个位置都属于某个星座。熟悉的图案只是帮助我们定位这些星座。例如，我们通过图 1-5 中勾勒出的图案来识别猎户座，该天空区域中看似空旷的部分也属于猎户座。

在人类文明发展的历史长河中，星座图案似乎固定不变，但实际上，恒星之间的相对运动速度非常快。它们的位置好像几个世纪都固定不变，那是因为它们离得太远了，我们肉眼看不见它们在运动。然而，如果能观看一部横跨数万年的延时电影，就会看到星座图案的巨大变化。

天球

所有的星座似乎都围绕着地球形成了一个巨大的"天球"（见图 1-6）。当然，天球是构想出来的：天空之所以看起来像一个巨大的球体，只是因为群星离我们太远了，我们观察太空时，无法感知深度的变化，而地球之所以好像处在天球的中心，只是

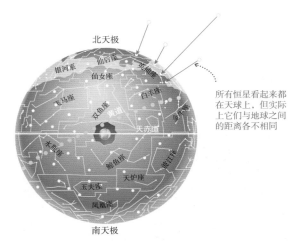

所有恒星看起来都在天球上，但实际上它们与地球之间的距离各不相同

图 1-6　星座似乎绕着地球形成了一个巨大的天球

因为我们是在地球上观察太空。然而，"天球"这一构想的概念非常有用，我们可以运用这个概念来绘制从地球上看到的天空图。为便于参照，我们确定了天球上两个特殊的点和两个特殊的圆：

- 北天极是位于地球北极正上方的点。
- 南天极是位于地球南极正上方的点。
- 天赤道是地球赤道在天球空间中的投影，围绕天球形成的一个完整的圆。
- 黄道是太阳每年绕天球运行一周所遵循的路线，它以 23.5° 的夹角穿过天赤道，23.5° 是地轴的倾斜度。

恒星在天空中每天的运行轨迹

太阳看起来白天在天空中移动，恒星看起来夜晚在天空中移动。地球每天自西向东自转，这使得天球上的一切物体看起来绕着我们自东向西旋转（见图 1-7）。如果我们能使地球停止转动，恒星看上去就是静止不动的。

想象一下天球上的天空，它每天的运动轨迹非常简单，每个物体看起来每

天都在绕地球旋转（见图1-7）。然而，在你所在位置的天空中，物体的运动看起来有点复杂，因为地平线把天球一分为二。图1-8展示了北半球上一个典型位置（北纬40°）的情况。你所在的位置表明你与地球赤道形成了一个夹角，而地平线以与天赤道形成的同样的夹角将天球一分为二，这个夹角使得天球上恒星每天的运行轨迹在天空中看起来是倾斜的。靠近北天极的恒星每天在地平线上以圆形轨迹运行，如同本章首页照片中拱门内的恒星一样，而在你的天空中永远看不到靠近南天极的恒星。位于北天极与南天极之间的所有恒星，以及太阳、月球和其他行星，看起来都从东方地平线升起，从西方地平线落下。

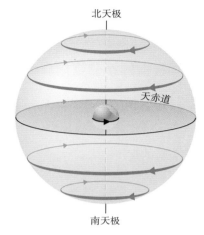

图 1-7　天球的"旋转"

注：地球自西向东自转（黑色箭头所示），使天球看起来绕着我们从东向西旋转（红色箭头所示）。

　　这一原理同样适用于地球上的所有位置，但具体细节会因纬度的不同而不同。因为纬度表明你所在位置的天顶与地球赤道形成的夹角，也决定你所在的地平线将天球一分为二的角度。因此，你能看到的天球部分以及恒星在天空中每天的运行轨迹都取决于你所在的纬

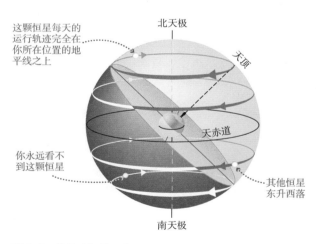

图 1-8　北纬 40° 的天空

注：地平线与天赤道形成一个夹角，并以这个夹角将天球一分为二，这个夹角使得你所在位置天空中恒星每天的运行轨迹看起来是倾斜的。请注意：如果你旋转页面，使天顶指向正上方，那么追踪天空中恒星的运行轨迹会更容易。

度，澳大利亚南纬地区的夜空与美国北纬地区的夜空看起来截然不同。

夜空的季节变化

我们再看一下图 1-6，注意图中黄点标记的路径，我们称之为"黄道"。这些黄点表示太阳绕着天球缓慢运动，一年绕天球一整圈。这是地球每年绕太阳公转的直接结果。

图 1-9 展示了这一运动过程的原理。从地球上适当的位置看，地球每年绕太阳公转的轨道使太阳看起来像在沿着黄道平稳向东移动，不同星座的恒星在一年中的不同时间出现在太阳运行的背景中。黄道上的星座组成了我们所说的"黄道带"；传统上认为黄道带上有 12 个星座，但官方界定的星座边界还包括第 13 个星座，即蛇夫座。

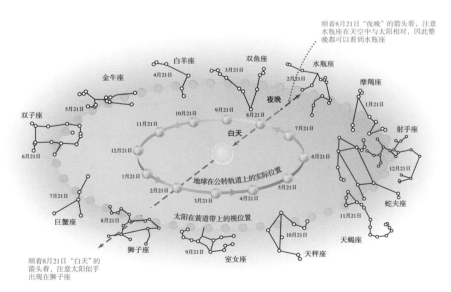

图 1-9　夜空在一年中的变化

注：当地球绕太阳公转时，太阳似乎沿着黄道平稳向东移动，所以我们在一年中的不同时间看到太阳位于不同的黄道星座背景中。例如，8 月 21 日太阳看似在狮子座，因为它位于地球与更遥远的狮子座恒星之间。

太阳在黄道上的视位置决定了我们在夜晚可以看到哪些星座。如图 1-9 所示，8 月下旬太阳出现在狮子座。因此，我们看不到狮子座（因为它在白天的天空中出现），但我们整晚都可以看到水瓶座，因为它的位置在天球上与狮子座相对。6 个月后，即到 2 月时，我们可以在夜晚看到狮子座，而水瓶座只会在白天出现在地平线上。

Q3 为什么月球总是一面朝向地球？

除了季节更迭和天体的日常运行，天空中最令人熟悉的变化就是月球的阴晴圆缺。不过不管月相如何变化，我们看到的总是（或几乎都是）月球的同一面，这是因为月球绕月轴自转的时间与绕地球公转的时间相同，这种特性被称为同步自转。

我们可以通过一个简单的演示来阐释这一概念（见图 1-10）。在桌上放一个球来代表地球，而你代表月球，如果想始终面对球，唯一的办法就是在绕轨道旋转一周的同时完成一周的自转。请注意，月球的同步自转并非巧合，而是月球受地球引力影响的结果；同理，月球引力也会在地球上引起潮汐。

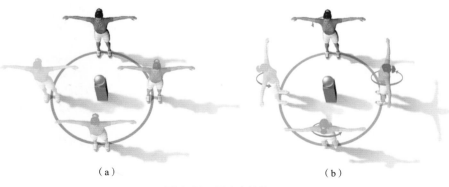

（a）　　　　　　　　　　　　　　　（b）

图 1-10　同步自转演示

注：图（a），如果绕着模型转动时自身不旋转，你就不可能始终面对着模型。图（b），只有在绕行模型一周时自己也正好旋转一周，你才能一直面对着模型。我们总是看到月球的同一面，这意味着月球自转一周的时间必须与绕地球一周的时间相同。把自己想象成月球，绕着地球模型走一圈，就可以理解了。

月球不仅同步自转，还会绕着地球运行，这会导致月相的变化，接下来我们将具体探讨月亮的阴晴圆缺是如何发生的。

通过图 1-11 的简单演示，可以快速理解月球的阴晴圆缺。你可以在阳光明媚的日子拿一个球到户外进行演示。（如果天气阴暗或多云，你可以用手电筒代替太阳，即把手电筒放在几米外的桌子上，照向自己。）手握住球，伸长手臂，此时球代表月球，而你的头部代表地球，慢慢地逆时针旋转身体，让球绕着你旋转，就如同月球绕地球旋转一样。（如果你住在南半球，那就顺时针旋转手臂，因为和北半球的人相比，你看到的天空是"上下倒置的"。）当你旋转身体时，你会看到球像月球一样经历不同的阶段。仔细想想这个过程，就会明白球经历的不同阶段仅仅是由两个基本事实引起的：

· 球有一半总是面向太阳（或手电筒），因此是明亮的，而另一半则背对太阳，因此是黑暗的。
· 当球绕着你的头运转时，从不同位置观察球，你会看到亮面和暗面的不同组合。

当你拿着球背对太阳时，你只能看到球明亮的一面，这代表"满月"；当你把球放在"上弦月"的位置时，你看到的球面一半是暗的、一半是亮的。

我们看到的月相变化也是出于同样的原因。月球总有一半会被太阳照亮，但我们从地球上看到的这一半照亮面的大小取决于月球在绕地球运行的轨道上的位置。图 1-11 中的图片展示了月相的外观，其中新月的图片

趣味问答

月亮为何会出现在白天？

在传说故事中，夜晚和月亮总是紧密联系在一起，所以许多人误认为，月亮只有在夜空中才能看到。事实上，月亮在白天也经常出现在地平线之上，但是只有在其光线不被阳光遮盖时人们才容易看到。例如，上弦月从东方升起，因此在下午晚些时候很容易看到它，而下弦月朝着西方地平线移动，因而在早晨就可以看到。

展示的是蓝色的天空，因为新月几乎与太阳在同一直线上，因此在明亮的白天无法看到。

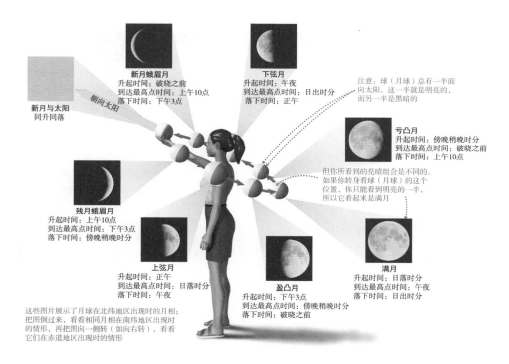

这些图片展示了月球在北纬地区出现时的月相；把图倒过来，看看相同月相在南纬地区出现时的情形，再把图向一侧转（如向右转），看看它们在赤道地区出现时的情形

图 1-11 月球阴晴圆缺的简单演示

注：在这个演示中，你的头代表地球，球代表绕地球运行的月球。球（月球）面向太阳的一半总是明亮的，而另一半总是黑暗的，但从你处于中心的视角来看，你会看到球（月球）经历图中所示的各个阶段。图中的标注标明了每个月相升起、到达最高点以及落下的大致时间，确切的时间因所处位置、一年中的不同时间和轨道情况而异。

从一个新月到下一个新月，每一个完整的月相周期大约需要 29.5 天，这就是"月"这个词的由来。① 相位决定了月球升起、到达天空最高点和落下的时间。

① 英语中"月"为"month"，与"月球"一词"moon"和表示序列的词缀"th"组成的"moonth"十分相似。——译者注

例如，当月球与太阳在天空中相对时，就会出现满月，因此，满月一定在日落前后升起，在午夜时分到达天空的最高点，在日出前后落下。同样，当月球位于太阳以东约 90° 时，就会出现上弦月，因此上弦月一定在中午左右升起，在日落前后到达最高点，在午夜时分落下。

需要注意的是，从新月到满月的月相称为"盈"，意味着"增加"；从满月到新月的月相称为"亏"，意味着"减少"。还需要注意的是，没有一个月相叫作"半月"，我们在上弦月和下弦月时看到半个月球，标志着月球在其月周期（以新月为起始点）的 1/4 或 3/4 阶段。新月前后的月相为"蛾眉月"，而满月前后的月相为"凸月"。

● 趣味问答 ●

月球的背面总是暗面的吗？

有些人把月球的背面，也就是我们从地球上永远看不到的那一面，称为"暗面"。但这是不正确的，因为月球的背面并不总是黑暗的。例如，在新月期间，月球的背面正对着太阳，完全被阳光照射。事实上，月球的自转周期约为一个月（与绕地球公转的时间相同），月球正面和背面都是两周光亮、两周黑暗相互交替的。月球的背面完全黑暗只出现在满月时，此时月球既背对着太阳，也背对着地球。

从月球上观测

为了巩固对月相的理解，你可以想象自己居住在月球面向地球的那一面上。例如，当地球上的人看到新月时，如果你观察地球，你会看到什么？当月球位于太阳和地球之间时会出现新月，从月球上你看到的是地球白天的一面，因此会看到"满地球"。同样，在满月时，你面对的是地球夜晚的那一面，你会看到一个"新地球"。一般来说，你看到的地球相位总是与地球上的人在同一时间看到的月球相位相反。

Q4　为什么会有日食和月食？

纵观历史，很少有天文现象能像日食和月食那样，使人类不断从中受到启发，同时对它们充满敬意。在许多文化中，日食和月食与命运或神联系在一起，非常神秘，而且围绕日食和月食的故事和传说数不胜数。那么在科学上，日食和月食是如何形成的呢？

月相"每月"重复一次，但有时月球会被卷入壮观的天文现象——日食和月食中。这种现象有两种基本的类型（见图 1-12）：

· 地球恰好位于太阳和月球之间，这时地球的影子投射在月球上，出现月食。

· 月球恰好位于太阳和地球之间，这时月球的影子投射在地球上，出现日食。

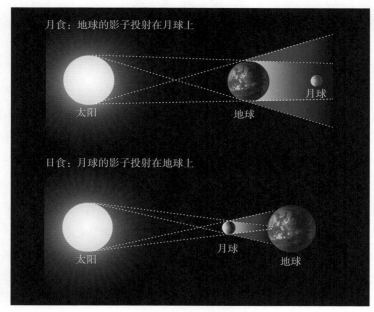

图 1-12　日食和月食的两种基本类型

注：月球和地球的相对大小是按比例显示的，但它们之间的相对距离大约是图中显示的比例的 50 倍；太阳的直径实际上是地球的 100 倍；日地距离大约是月地距离的 400 倍。

日食和月食的变化

日食和月食的两种基本类型会有一些变化，太阳照射地球或月球时，会产生两个不同的阴影区域（见图 1-13）：一个是中央的全影，或叫作"本影"，在全影中，阳光被完全遮挡；另一个是周围的偏影，或叫作"半影"，在偏影中，只有部分太阳光被遮挡。

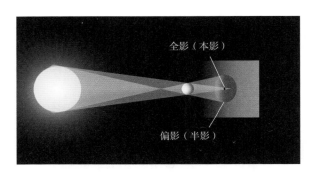

全影（本影）

偏影（半影）

图 1-13　全影与偏影

注：这张图展示了两个截然不同的锥形阴影区域，这两个阴影区域是由太阳照射下的地球或月球投射在假想屏幕上而形成的。如果你从全影内向后看，你会看到太阳完全被遮挡了；如果你从偏影内看，太阳只被遮挡了一部分。

阴影的不同几何形状形成了 3 种类型的月食（见图 1-14）。如果太阳、地球和月球几乎完全排列在一条直线上，月球就会经过地球的全影，从而形成月全食。地球的阴影逐渐投射在月球表面，全影区清晰的弧度证明地球是圆的。月球完全被阴影遮盖时，月全食就开始了，月全食通常持续约 1 小时，之后我们将看到地球的阴影逐渐离开月球。在月全食期间，月亮会变成诡异的暗红色，从月球上观测者的视角可以很容易理解这一点，观测者会看到，地球夜晚的那一面被当时地球上所有的日出和日落的红色光芒所包围，这些红色的光芒在月全食时照亮了月球。如果太阳、地球和月球排列得不那么完美，月球的一部分经过地球的全影，而其余部分在偏影中，我们就会看到月偏食。如果月球只经过地球的偏影（半影），我们就会看到半影月食。半影月食是最常见的，但它们给人们视觉上留下的印象最不深刻，因为此时月亮只是稍微变暗了一些。

日食也有 3 种类型（见图 1-15），部分原因是月球绕地球运行时，月地距离会有所变化。日食发生时，如果月球离地球相对较近，月球的全影会遮盖地球表面的一小块区域（直径约 270 千米），在这个区域内，你可以看到日全食。日食发生时，如果月球离地球相对较远，全影可能无法到达地球表面，那么在月球全影正后方的地球表面的一小块区域内，你可以看到日环食，即太阳光环绕在月球周围。在这两种情况下，日全食或日环食区域都会被月球偏影内一个更大的区域（直径通常约为 7 000 千米）所包围。如果只有部分太阳光被遮挡，你可以看到日偏食。（有些日食只是单纯的日偏食，这意味着在地球上任何地方都看不到日全食或日环食，因为月球全影从地球上方或下方经过。）地球自转和月球公转相结合，使得月球的阴影以每小时约 1 700 千米的速度掠过地球表面。因此，全影（或环影）会在地球上形成一条狭窄的轨迹，并且日全食在任何地方持续的时间都不会超过几分钟。

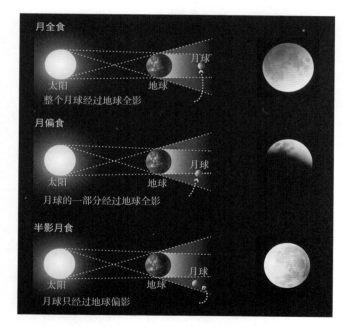

图 1-14   月食的 3 种类型

注：实际上，月球在月全食期间比在月偏食期间要暗淡得多，图片中的颜色只是为了吸引大家的注意。

日全食的景象非常壮观（见图 1-16）。当月球的圆盘刚接触太阳时，日全食就开始了，在接下来的几个小时里，月球似乎在大口大口地"咬食"太阳。随着日全食临近，天空变暗，气温下降，鸟儿归巢，蟋蟀开始鸣叫。在日全食出现的几分钟内，月球完全挡住了可见的太阳圆盘，因而人们只能看见微弱的日冕，周围的天空呈现出微弱的亮光，行星和明亮的恒星在白天也清晰可见。随着日全食结束，太阳慢慢地从月球后面露出来。然而，由于眼睛已经适应了黑暗，你会觉得日全食的结束似乎比开始来得更加突然。

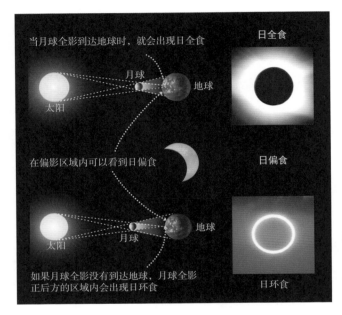

图 1-15　日食的 3 种类型

注：当月球全影从地球上方或下方经过时，也可以看到日偏食。

图 1-16　日全食过程

注：这张多次曝光的照片展示了 2017 年怀俄明州绿河湖上空日全食的进展过程。日全食（图片上方正中所示）持续了大约 2 分钟。

日食和月食产生的条件

日食和月食多久发生一次？看看简单的月相图（见图 1-11），你就会发现，每次新月和满月时，太阳、地球和月球似乎都位于一条直线上，如果是这样的话，每个月都会出现月食和日食。然而事实并非如此，原因是月球轨道向黄道面（地球绕太阳公转的平面）略微倾斜（约 5°）。

你可以把黄道面想象成池塘的表面，来形象地理解这种倾斜（见图 1-17）。月球的轨道倾斜意味着月球大部分时间都在池塘表面（黄道面）的上方或下方。在每次公转中，月球只在被称为月球轨道节点的两个点上穿过该表面，一次是偏离，一次是回归。

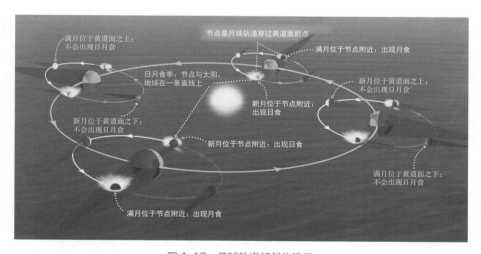

图 1-17　月球轨道倾斜的演示

注：图中，池塘表面表示黄道面。月球的轨道向黄道面倾斜约 5°，所以月球每次公转时，一半时间在黄道面的上方，一半时间在黄道面的下方。日食和月食只出现在日食和月食的季节，此时节点与太阳和地球几乎在一条直线上，而且月相要么是新月（出现日食），要么是满月（出现月食）。此图未按实际比例绘制。

请注意，这些节点在一年中大致以相同的方式排列（如图 1-17 中的对角线所示），这意味着它们每年大约有两次与太阳和地球几乎成一条直线。日食和月食只出现在日食和月食的季节，平均而言，每个日食和月食的季节大约持续 5 周。月食只出现在满月时，日食只发生在新月时。

预测日食和月食

日食和月食之所以神秘，在很大程度上可能是因为预测它们的难度相对较大。再看看图 1-17，重点关注两个日食和月食的季节。如果这张图说明了日食和月食的全部情况，那么日食和月食的季节总是会相隔 6 个月，这样的话预测日食和月食就很容易了。例如，如果日食和月食的季节总是出现在 1 月和 7 月，那么日食和月食总是出现在这两个月中新月和满月的日子。然而，实际的日食和月食预测比这要难得多，这是因为有些情况在图中并没有展示：节点绕月球轨道缓慢移动，导致日食和月食的季节的间隔不到 6 个月（相隔约 173 天）。因此，日食和月食不是每年以同样的模式再现，而是大约每 18 年再加上 11.33 天重复一次，这一周期被称为"沙罗周期"。

有些古代文明学会了识别沙罗周期，因此能够预测日食和月食何时发生。然而，即便如此，他们也无法预测特定日食和月食的所有情况，包括在地球上哪些位置可以观测到日食和月食。如今，我们可以非常精确地预测日食和月食，因为我们对地球和月球的轨道细节已经非常了解。

Q5　科学家如何解释"水星逆行"？

在夜晚，行星的运行就像天空中所有其他天体一样，地球的自转使它们看似东升西落。但它们偶尔也会逆转方向，在黄道带内向西移动（见图 1-18）。这些表观逆行的周期（"逆行"意味着"倒退"）根据行星的不同，持续时间从几周到几个月不等。

古代人认为地球是宇宙的中心，对他们来说，表观逆行很难解释。那么，究竟是什么使行星有时掉头逆行呢？

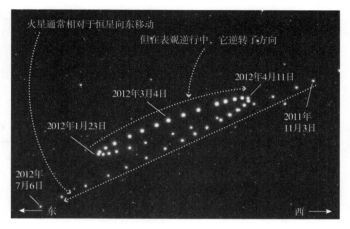

图 1-18　火星逆行环

注：该照片是由 2011—2012 年间每隔 5 ~ 7 天所拍摄的照片合成的。请注意，火星在逆行环中间时最大最亮，因为在那里它的运行轨道离地球最近。

　　古希腊人想出了一些巧妙的方法对此进行解释，但他们的解释相当复杂。相反，在以太阳为中心的太阳系中，表观逆行就很容易理解了。你可以在朋友的帮助下自己演示一下（见图 1-19a）。在空旷的地方选取一个点来代表太阳，你代表地球，你逆时针绕着太阳走，而你的朋友代表一颗遥远的行星（比如火星或木星），他同样在距离太阳更远的地方逆时针绕着太阳走，你的朋友应当走得比你慢些，因为越远的行星绕太阳运行的速度越慢。

　　你绕着太阳走时，观察你的朋友相对于远处的建筑物或树木是如何移动的。虽然你们俩都是以同样的方式绕着太阳走，但在你追上并超过他 / 她的那部分"轨道"运行时，你的朋友在背景中看上去是在向后移动。同样的原理也适用于火星（见图 1-19b）。（要了解比地球离太阳更近的水星和金星的表观逆行，你只需与你的朋友交换一下位置，重复进行演示即可。）

　　古希腊人意识到，在以太阳为中心的太阳系中，可以很简单地解释表观逆行，这也可能是古希腊天文学家阿里斯塔克（Aristarchus）在大约公元前 260 年提出地球绕着太阳转的原因之一。然而，与阿里斯塔克同时代的人拒不接受他的观点，大约 2 000 年后，太阳系以太阳为中心的观点才被广泛接受。

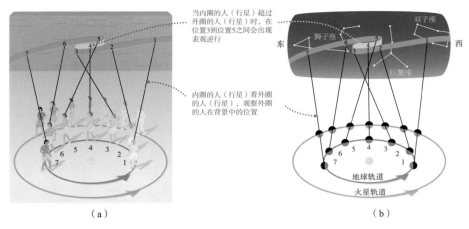

图 1-19　表观逆行

注：图（a），逆行演示，你的朋友（穿红色衣服的人）在远处建筑物的背景下看上去是向前移动的，但当你（穿蓝色衣服的人）赶上并超过她的"轨道"运行时，她看上去却在向后移动。图（b），同样的原理也适用于行星。按照数字顺序从地球看火星，请注意，当地球公转超过火星时，火星相对于遥远的恒星看上去是在向西移动（从位置 3 到位置 5）。

　　古希腊人不愿放弃地球是宇宙中心的观点，最重要的原因之一是他们无法探测到"恒星视差"。现在伸出手臂，举起一根手指，保持手指不动，然后轮流闭上左眼和右眼，你会感觉手指在来回跳跃。产生这种"视差"的明显移位的原因是，你的两只眼睛是从鼻子两侧观察手指的。如果将手指移近脸部，视差就会更大；如果看远处的树或旗杆而不是你的手指，你可能根本不会注意到任何视差。换句话说，视差取决于距离，物体距离越近，视差就会越大。

　　现在想象一下，你的两只眼睛代表地球绕太阳公转的轨道的相对两侧，而你的指尖代表一颗相对较近的恒星，你就会理解恒星视差的概念了。由于我们在一年中的不同时间从轨道上的不同位置观察恒星，在远距恒星为背景的情况下，近距恒星看上去会来回移动（见图 1-20）。

　　古希腊人认为所有的恒星都位于同一个天球上，所以他们希望以略微不同的方式观测到恒星视差。他们推断：如果地球绕太阳公转，那么在一年中的不同时间，我们会靠近天球的不同部分，而且会注意到恒星角距的变化。然而，无论他们如何努力地寻找，都没有发现恒星视差的迹象，于是他们得出结论，以下情形中，一定有一条是正确的：

· 地球绕太阳运行，但恒星离我们太远了，肉眼无法观测到恒星视差。
· 不存在恒星视差，因为地球在宇宙的中心静止不动。

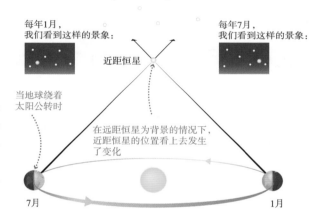

图 1-20　恒星视差

注：恒星视差是指当我们从地球轨道的不同位置观察近距恒星时，恒星位置产生的视觉变化。图中展示的是高度夸张的情况；实际上，恒星位置的变化非常小，肉眼无法观测到。

　　除了阿里斯塔克等少数几个人，希腊人拒不接受正确答案，即第一条，因为他们无法想象恒星会离得那么远。如今，我们可以借助望远镜观测到恒星视差，从而直接证明地球的确在绕太阳运行。

　　这个故事告诉我们，从事科学研究的能力与观察和测量的能力密不可分。古希腊人知道，行星运动在以太阳为中心的太阳系中很容易理解，但他们也知道，这样就意味着太阳系中存在恒星视差。因为他们的测量结果还不够精准，还没有观测到恒星视差，所以他们认为，没有明确的理由放弃地球是宇宙中心这一根深蒂固的观念。我们将在下一章看到，只有对天空中行星位置的测量方法有了很大改进，才能有足够的证据来改变这一观念。

要点回顾
The Cosmic Perspective Fundamentals >>>

- 地轴倾斜造成了季节更迭。地轴全年都指向同一个方向，因此当地球绕太阳公转时，阳光会在一年中的不同时间直射地球的不同地方。

- 星座在一年中会随时间发生变化，这是因为当地球绕太阳公转时，夜空位于宇宙空间中的不同方向。

- 月相取决于月球绕地球运行时，月球相对于太阳的位置。月球面向太阳的一半总是明亮的，而另一半是黑暗的，但从地球上我们可以看到亮面和暗面的不同组合。

- 当地球的阴影投射到月球上时，会看到月食；当月球遮挡了我们的视线，我们看不到太阳时，就会看到日食。在每次新月和满月时我们不会看到日食和月食，因为月球的轨道略向黄道面倾斜。

- 古希腊人拒不接受太阳系以太阳为中心的观点，部分原因是他们无法观测到恒星视差，即如果地球绕太阳运行，一年中恒星的位置必然会发生轻微的视觉变化。

02

如何在宇宙中迈出"科学的一小步"

妙趣横生的宇宙学课堂

· 古希腊人如何精准预测行星的走向？

· 哥白尼如何"让地球动起来"？

· "日心说"来自直觉还是实验？

· 爱因斯坦的相对论会失效吗？

· 如果"牛顿的苹果"砸中你，会怎么样？

The Cosmic Perspective Fundamentals >>>

一个广为流传的说法认为，哥伦布发现地球是圆球形，但人们对地球形状的认识比哥伦布早近 2 000 年。哥伦布时代的学者们不仅清楚地认识到地球是圆球形，他们甚至知道地球的大致体积：大约公元前 240 年，古希腊科学家埃拉托色尼（Eratosthenes）首次测量了地球的周长。

事实上，哥伦布之所以很难找到赞助商资助其海上航行，可能是因为他试图论证一个错误的观点。他声称，从西欧到东亚的海上距离远小于学者们所认为的距离。最终，他在西班牙找到了一位赞助商并踏上了征程，但他的准备严重不足，如果不是美洲挡住了他的去路，这次航行几乎可以确定会以失败告终。

本章内容，你将学习人类的宇宙观是如何转变的，并探讨这一观念转变是如何体现我们如今称之为"科学"的思维方式的。

Q1　古希腊人如何精准预测行星的走向？

随着我们对太空的观测日益精准，以及不断尝试对观测结果加以解释，我们的宇宙观开始发生变化。要想深刻认识人类宇宙观的转变，我们必须回到古希腊，探究古希腊人是如何解释行星运动之谜的，特别是如何解释行星表观逆行"向后"运行的现象的。

为了解释行星的运动，同时保留地球处于中心位置以及天体进行完美圆周运动的观念，古希腊人想出了许多奇特的想法。这些想法经过几个世纪的不断改进，在托勒密的模型中得到了最为精准的呈现。我们把这个模型称为托勒密模型，以区别于早期的地心模型。

尽管托勒密模型很复杂，但它非常有效，它可以准确地预测未来行星的位置，而且误差在几度之内，这个误差大约是你伸直手臂后手掌的角大小，即手掌在你视野中所呈现的角度。托勒密模型非常精准，因而在接下来的 1 500 年里一直被使用。

要了解古希腊人及当代人对行星运动的不同解释，关键在于了解由古希腊人首次提出的，而且至今仍是科学核心的一个概念，即创建自然模型。

科学模型

科学模型与你所熟悉的日常生活中的模型有所不同。在日常生活中，我们往往认为模型是物体的微型表示，如汽车模型或飞机模型。相比之下，科学模型是为解释和预测所观察到的现象而创建的概念表征。例如，地球气候模型运用逻辑和数学来体现我们所了解的气候运作方式，其目的是解释和预测气候变化，比如全球变暖可能带来的气候变化。但是，正如飞机模型并不能真实反映飞机的方方面面一样，科学模型也不能充分解释我们所观察到的所有自然现象。然而，即使科学模型失败了，它也可能会有一定的用途，因为它往往为构建更好的模型奠定了基础。

古希腊地心模型

古希腊人构建了宇宙的概念模型，试图解释他们在太空中所观察到的现象。古希腊人从何时开始认为地球是圆球形呢？

你可以想象自己是一颗卫星，正在绕着地球运行，你俯瞰地球，看到薄薄的大气层将我们的家园与黑暗的太空分隔开来。这种观测角度是我们的祖先难以想象的。在科学出现之前，人们认为地球是宇宙的中心，而不是绕太阳运行的行星。

早在公元前约500年，著名数学家毕达哥拉斯就曾表达过"地球是圆球形"的观点。一个多世纪后，亚里士多德发现，月食期间地球在月球上的阴影是弧形的，由此证明地球是球形。因此，古希腊人构建的模型是地心模型，地心的意思是"以地球为中心"，即球形地球位于一个巨大天球的中心。

古希腊哲学家很快意识到，地心模型中围绕地球的应该不止一个球体。为了解释太阳和月球在星座间逐渐向东运动的现象，古希腊人将两者放在了不同的球形轨道上，这些轨道以不同于恒星轨道的速度转动。因为每颗行星在恒星间运行的方式不同（见图2-1），因此他们还为每颗行星增加了一个球形轨道。

古希腊地心模型的问题在于，它很难解释行星的表观逆行。你可能会猜想，古希腊人可以简单地让行星的轨道相对于恒星的轨道有时向前转、有时向后转，但他们并没有这样做，因为这样做会违背"太空完美"这一根深蒂固的观念。柏拉图将这一观念阐释得最清晰，即天体只能以完美的圆周运动。

图 2-1　古希腊地心模型

注：这个模型表示的是古希腊人关于天体的观念（约公元前400年）。地球是位于中心的球体，月球、太阳和行星都有各自的轨道，恒星在最外层的球形轨道中。

圆上套圆

托勒密模型的本质是，每颗行星都在一个小的圆上运行，这个小圆的圆心在一个比它大的圆上绕地球运行（见图 2-2）。小圆被称为"本轮"，较大的圆被称为"均轮"。从地球上看，行星沿着这种圆上套圆的轨道运行，其运行轨迹中会出现一个逆行环，这一向后运行的环模拟了表观逆行现象。

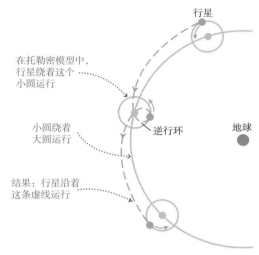

图 2-2　托勒密模型揭示的表观逆行

注：这个模型假设每颗行星都绕着一个小圆运行，这个小圆又绕着大圆运行。从地球上看，行星最终的运行轨迹（图中虚线所示）会包含一个向后运行的环。

圆上套圆出现的环成功地解释了表观逆行的概念。然而，为了使自己的模型与观测结果完全吻合，托勒密还必须考虑许多其他的复杂因素，比如将一些大圆稍稍偏离地球的中心，并在原来的小圆上增加一些更小的圆。结果，完整的托勒密数学模型既复杂又冗长。几百年后，据说西班牙君主阿方索十世（Alphonso X）在监督基于托勒密模型的计算时曾抱怨道："如果当时我在场，我会提出一个更为简单的宇宙设想。"

公元 800 年左右，阿拉伯学者在翻译托勒密描述该模型的著作时，将其命名为《天文学大成》（Almagest），意为"最伟大的作品"。

Q2　哥白尼如何"让地球动起来"？

波兰科学家哥白尼（见图 2-3）于 1473 年 2 月 19 日在波兰的托伦市出生。他在十八九岁时开始研究天文学，他发现随着时间的推移，基于托勒密模型的行星运动表越来越不准确，于是他开始寻求更好的方法来预测行星的位置。

在了解阿里斯塔克的"日心说"后，哥白尼采纳了这一古老的观点，原因可能是这个观点能简单地解释行星的表观逆行。但哥白尼超越了阿里斯塔克，他研究出了"日心说"的数学细节。在此过程中，他发现了一些简单的几何关系，这进一步加强了他对"日心说"的信念，通过这些几何关系，他计算出了每颗行星的轨道周期以及与太阳的相对距离（与地球的距离相比）。

图 2-3　哥白尼

是否要发表自己的研究成果呢？哥白尼对此犹豫不决，他担心，人们会认为"地球是运动的"这一想法很荒谬。然而，在与包括教会高层管理者在内的其他学者讨论了自己的体系后，他们敦促哥白尼出版一本相关的书籍。在临终前，哥白尼看到了自己的著作《天体运行论》[①] 的第一本印刷本。

哥白尼所做的工作最终导致托勒密模型退出历史舞台，因此人们通常将此称为哥白尼革命。《天体运行论》的出版广泛传播了日心说的思想，因为哥白尼模型具备美学优势（天体沿圆周轨道匀速运行），许多学者被其吸引。然而，在随后的 50 年里，拥护哥白尼模型的学者并不多，这是因为哥白尼模型不太有效。主要问题是，虽然哥白尼一直想推翻地球位于宇宙中心这一观念，但他坚守天体必须以完美的圆周运行这一古老的观念。这个错误假设迫使他在自己的体系中增添了许多复杂的因素（包括像托勒密那样的圆上套圆），以期做出正确的预测。

---

① 哥白尼的巨著 *De Revolutionibus Orbium Coelestium*，也有学者认为，应将其译为《天球运行论》。——编者注

最终，哥白尼的完整模型并不比托勒密模型精确，也不比托勒密模型简单。因而，很少有人愿意抛弃数千年的传统观点，去推崇一个和旧模型一样糟糕的新模型。

哥白尼革命在很多方面都是现代科学的起源，而且这一革命是由几个关键人物引发的，哥白尼是其中的第一人，接下来我们将陆续谈到其他人。

第谷——提供了精确的观测数据

哥白尼去世后，当时的天文学家试图改进托勒密模型或哥白尼模型，但他们面临的部分困难是缺乏高质量的数据，因为当时还没有发明望远镜，肉眼观察的数据也不是很准确。他们需要更精准的数据，而丹麦贵族第谷（见图 2-4）为他们提供了这些数据。

图 2-4　第谷

1572 年，第谷在天空中观测到一颗"新星"，并表示这颗星比月亮远得多，这使人们对古希腊人关于"天空不会变化"的信念产生了质疑。如今，我们知道，第谷确实观测到了一颗超新星，即远距恒星的爆炸。1577 年，他观测到一颗彗星，并表示它也在天空中。包括亚里士多德在内的其他学者则认为，彗星是在地球大气层中发生的现象。因为第谷取得的这些成就，他的研究得到了皇家的资助，这样他就能建造一个巨大的裸眼观测天文台了。在 30 年的时间里，第谷和他的助手汇编了行星位置的裸眼观测结果，观测结果精确到 1 角分以内，比手臂伸直时观察到的指甲厚度还要小。

尽管第谷的观测质量很高，但他并没有对行星运动做出令人满意的解释。他确信行星一定绕太阳运行，但他无法探测到恒星视差，于是他和古希腊人一样，得出了地球一定静止不动的结论。因此，他主张的模型是：太阳绕着地球运行，而所有其他行星绕太阳运行。但很少有人关注这个模型。

开普勒——提出了行之有效的行星运动模型

第谷虽未能就行星运动给出令人满意的解释，但他成功地找到了能对此做出解释的人，1600 年，他聘请了一位年轻的德国天文学家开普勒（见图 2-5）。

与哥白尼一样，开普勒也认为，行星轨道应该是完美的圆。因此，他努力使计算的行星圆周运动与第谷的观测结果相吻合。经过多年的努力，他发现了一系列圆轨道，与第谷的大部分观测结果非常吻合。即使在最坏的情况下，也就是研究火星时，开普勒所预测的位置与第谷的观测结果也仅相差约 8 角分。

图 2-5　开普勒

开普勒当然很想把这些差异归因于第谷的错误，毕竟，8 角分仅是满月角直径的 1/4，但是开普勒相信第谷的观测结果。这些微小的差异最终使开普勒放弃了圆轨道的想法，并解开了行星运动这个古老的谜题。关于这件事，开普勒这样写道：

> 如果我认为这 8 角分可以忽略不计，我就会相应地修正我的假设。但是，既然这 8 角分不能忽略，那它就为天文学彻底革命指明了道路。

开普勒决定放弃自己的先入之见，转而相信数据，这标志着科学史迎来了一个重要的转折点。一旦他放弃了行星轨道是完美圆形的观点，他就可以自由地尝试其他的想法，最终他找到了正确的观点：行星的轨道形状是一种被称为椭圆的特殊的卵圆形。你可以用一根绳子绕着一个点（圆心）画出一个圆，同样，你也可以用一根绳子绕着两个点画一个椭圆，这两个点都被称为椭圆的焦点。开普勒随后运用自己的数学知识，建立了一个有坚实基础的行星运动模型，用我们现在所称的开普勒行星运动定律可以表述该模型的关键特征：

· 开普勒第一定律：所有行星绕太阳运行的轨道都是椭圆，太阳处于椭圆的一个焦点上（见图 2-6）。这条定律告诉我们，行星与太阳的距离随着其运行轨道的变化而变化。离太阳最近的点被称为近日点，离太阳最远的点被称为远日点。行星近日点和远日点之间距离的平均值就是行星半长轴的长度。

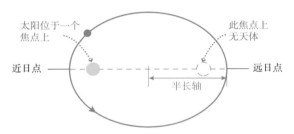

图 2-6 开普勒第一定律原理示意图

注：每颗行星绕太阳运行的轨道都是一个以太阳为焦点的椭圆。这里展示的椭圆比太阳系中实际的行星轨道更偏离圆心，或者说看起来更扁。

· 开普勒第二定律：行星在距太阳较近的轨道上运行得较快，在距太阳较远的轨道上运行得较慢，在相同的时间内扫过的面积相等。如图 2-7 所示，"扫过"的线指的是连接行星和太阳的假想线；面积相等意味着，在相等时间内，行星在近日点附近比在远日点附近移动的距离更大，因此移动的速度更快。

· 开普勒第三定律：距离太阳越远的行星绕太阳运行的速度越慢，并遵循精确的数学关系 $p^2=a^3$；p 是行星的公转周期（以年表示），a 是行星到太阳的平均距离（以天文单位表示）。开普勒第三定律的数学表述，使我们能够计算出每颗行星的平均轨道速度（见图 2-8）。

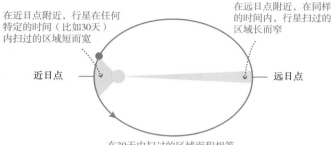

在近日点附近，行星在任何特定的时间（比如30天）内扫过的区域短而宽

在远日点附近，在同样的时间内，行星扫过的区域长而窄

近日点　　　　　　　　　　　　　　　　　远日点

在30天内扫过的区域面积相等

图 2-7　开普勒第二定律原理示意图

注：当行星绕其轨道运行时，连接它和太阳的假想线在相同的时间内扫过的区域面积相等（阴影区域所示）。

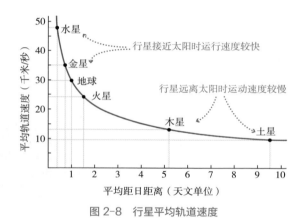

图 2-8　行星平均轨道速度

注：根据开普勒第三定律（$p^2=a^3$）和行星距离的当代值可知，距离太阳越远的行星绕太阳运行的速度越慢。

开普勒于 1609 年发表了他的前两条定律，1619 年发表了第三条定律。这 3 条定律共同构建了一个模型，该模型不但可以预测行星的位置，而且精确度远高于托勒密模型和哥白尼模型。

事实上，开普勒模型非常有效，如今我们认为，这个模型不止是一个抽象的模型，它揭示了行星运动的深层真相。

伽利略——回应他人异议

开普勒定律与第谷的数据完美吻合，这为哥白尼将太阳而非地球置于太阳系中心的观点提供了强有力的证据。尽管如此，许多科学家仍对哥白尼的观点提出了反对意见。这些反对意见主要有 3 种，都源于亚里士多德和其他古希腊人 2 000 年来坚守的观念：

· 亚里士多德认为地球不可能是运动的，因为如果地球是运动的，那么地球向前运动时，鸟、落石和云这样的物体就会被抛在后面。

· 非圆形轨道的观点与亚里士多德的主张相矛盾，亚里士多德认为，由太阳、月球、行星和恒星组成的天域必然是完美的，而且不会发生变化。

· 尽管人们做了很多努力，但还没有人发现地球绕太阳运行时会出现的恒星视差。

伽利略（见图 2-9）针对这 3 种反对意见一一做出了回应。

他首先用实验驳斥了第一个反对意见，单凭这些实验他就推翻了亚里士多德的物理学观点。特别是，他用滚球实验[1]证明，如果没有外力作用，运动中的物体一直会保持运动的状态。[2]这一实验结论也解释了与地球同样在空中运动的物体，如鸟、落石和云，为什么仍会留在地球上，而不会像亚里士多德所说的那样被抛在后面。同样的原理也可以解释，即使在飞机飞行中乘客离开了座位，他也仍会留在正在飞行的飞机上。

图 2-9　伽利略

---

① 即伽利略惯性定律实验。——编者注

② 这一观点现在已被写入牛顿第一运动定律。

第二个反对意见已受到第谷观测到的超新星和彗星的挑战，第谷的观测证明，天空是可能发生变化的。伽利略于1609年改造了望远镜，从此打破了天空完美的想法。[①] 伽利略通过望远镜看到了太阳上的黑子，这些黑子在当时被认为是"不完美的"。他还通过望远镜观察到，月球表面明暗分界线附近有投射的阴影（见图2-10），由此他得出结论，与"不完美的"地球一样，月球上也有山峦和山谷。如果天空不是完美的，那么与"完美"的圆相对应的椭圆轨道的观点就不会那么令人反感了。

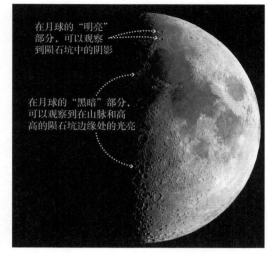

在月球的"明亮"部分，可以观察到陨石坑中的阴影

在月球的"黑暗"部分，可以观察到在山脉和高高的陨石坑边缘处的光亮

图2-10   "不完美的"月球表面

注：月球表面明暗分界线附近可见的阴影显示，月球表面并不是完全光滑的。

第三个反对意见，即还未观测到恒星视差，是第谷特别关注的问题。根据对恒星之间距离的估计，第谷认为，如果地球确实绕太阳运行，那么肉眼就可以观测到恒星视差。要反驳第谷的论点，就需要证明恒星比第谷认为的更遥远，因为距离太远，所以无法观测到恒星视差。虽然伽利略实际上并没有证明这一点，但他提供了有力的证据。例如，他用望远镜看到银河系有无数颗独立的恒星。这一发现帮助他证明恒星的数量比第谷认为的要多得多，距离也比第谷认为的要远得多。

事后看来，伽利略最早通过望远镜得到的两项发现给宇宙地心说以致命一击。首先，他观察到，有4颗卫星显然在绕木星运行，而不是绕地球运行。此后不久，他观察到金星的相位变化，这意味着金星一定绕太阳而不是绕地球运

① 伽利略并未发明望远镜，但他对望远镜的革新使望远镜功能更为强大。

行（见图 2-11）。

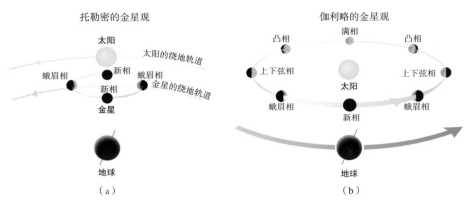

图 2-11　伽利略观测到金星绕太阳运行

注：图（a），在托勒密模型中，金星绕地球运行，金星在其较大的圆形轨道上运行的同时绕较小的圆形轨道运行，小圆的中心位于地日连线上。如果这一观点是正确的，那么金星的相位变化只能是从新相到蛾眉相。图（b），事实上，金星绕太阳运行，所以从地球上我们可以看到它的许多不同相位。而这正是伽利略所观察到的，由此他证明了金星绕太阳运行。

　　虽然我们现在认识到伽利略是正确的，但在当时，情况要复杂得多，那时天主教教义仍认为地球是宇宙的中心。1633 年 6 月 22 日，伽利略被带上罗马教会的宗教法庭，法庭命令他收回地球绕太阳运行的说法。年近 70 岁的伽利略担心自己的生命安全，于是就按照命令做了，因此幸免于难。然而，传说他站起来的时候，低声耳语道："Eppur si muov"（意大利语，意为"它还在运动"）。天主教教会直到 1992 年才正式宣布伽利略是正确的，但教会神职人员早已放弃"地球是宇宙中心"这一观点。此外，天主教的科学家长期以来一直在从事天文学的许多前沿研究工作，如今天主教教义不但认可地球是行星，而且认可大爆炸理论以及随后的宇宙和生命进化。

牛顿——达到"革命"的高潮

　　开普勒的模型非常有效，伽利略也非常成功地反驳了对以太阳为中心的模型的其他反对意见，因此，在 17 世纪 30 年代左右，科学家几乎都认可开普勒行星运动定律的有效性。然而，人们还不知道为什么行星会以不同的速度在椭圆轨道上运行。这个问题引发了激烈的争论，有些科学家甚至猜到了正确答案，但他们无法予以证明，这在很大程度上是因为当时人们对物理学和数学的理解不够充分。最终，得益于牛顿（见图 2-12）的杰出贡献，人们才真正理解了行星的运动。牛顿发明了数学中的微积分概念，并用它来解释和发现物理学的许多基本原理。

图 2-12 牛顿

1687 年，牛顿出版了一本知名的著作《自然哲学的数学原理》（*Philosophiae Naturalis Principia Mathematica*），现通常简称为《原理》（*Principia*）。在此书中，他对运动的一般原理进行了精确的数学描述，我们现今称之为牛顿运动定律。图 2-13 说明了牛顿三大运动定律，供大家参考。请注意，不要混淆了牛顿三定律和开普勒三定律，前者适用于所有运动，而后者描述的只是绕太阳运行的行星的运动。

牛顿第一运动定律：
物体以恒定速度运动，除非有外力改变其速度或方向

例如：宇宙飞船不需要燃料就能在太空中飞行

牛顿第二运动定律：
力=质量×加速度

例如：当棒球投球手移动手臂施加力时，棒球加速。一旦球出手，投球手手臂的力就停止了，球的运动轨迹只会因为引力和空气阻力而改变

牛顿第三运动定律：
对于任何力，总有一个大小相等、方向相反的反作用力

例如：推动火箭向上的力与将气体从火箭底部排出的力大小相等、方向相反

图 2-13 牛顿运动定律

牛顿在《原理》中还描述了他的万有引力定律，然后用数学原理证明开普

勒定律是牛顿运动定律和万有引力定律的自然结果。从本质上讲，牛顿创造了一个宇宙内部运行的新型模型，在这个模型中，运动受明确的定律和引力支配。从那以后，科学家继续发展这个模型，从而使我们对自然有了更深入的了解。

Q3   "日心说"来自直觉还是实验?

哥白尼采纳了地球绕太阳运行的观点，并不是因为他仔细地验证过这个观点，而是因为他认为这个观点比当时盛行的宇宙以地球为中心的观点更有道理。虽然直觉引导他找到了正确的观点，但他在细节上却犯了错，因为他仍然坚守古老的观念，认为天体的运动一定是完美的圆周运动。同样的情况也发生在伽利略身上，实际上当伽利略把望远镜对准天空并得出惊人发现时，他并没有在寻找什么特别的东西。

综上所述，我们发现，科学家也是人，他们的直觉和个人信念也不可避免地会影响他们的研究。科学的进步往往始于人们走出去，以一种普遍的方式观察自然，而不是进行一系列细致的实验。因此，科学方法是一种理想化的模式，这种模式非常有用，但真正的科学很少以这样有序的方式发展。

在我们的祖先逐步弄明白宇宙基本结构的过程中，有一些经典的错误，比如，在开普勒之前，显然没有人质疑轨道一定是圆的这一观点。哥白尼革命最终取得了成功，这促使科学家、哲学家和神学家重新评估 2 000 年来人类在探索地球在宇宙中位置的过程中所采用的各种思维模式。现代科学的原理就在这样的重新评估中产生了。

那么，我们如何区分什么是科学，什么不是科学呢? 要回答这个问题，我们必须更深入地审视科学思维的显著特征。

我们很难精确地给 science（科学）这个词下定义。这个词来自拉丁语词

scientia，意思是"知识"，但并不是所有的知识都是科学。例如，你知道自己最喜欢什么音乐，但你的音乐品味不是科学研究的结果。

科学方法

科学之所以很难被定义，是因为并非所有的科学都以同样的方式来运行。例如，你可能听说过科学应该按照所谓的"科学方法"来进行。举一个理想化的例子，设想一下，如果手电筒突然不亮了，你会怎么做，你可能会怀疑手电筒的电池没电了。这种试探性的解释或假设有时被称为有根据的猜测，也就是说，这种猜测是"有根据的"，因为你知道手电筒需要电池。基于该假设，你可以进行简单的预测：如果换上新电池，手电筒应该就可以亮了。你可以通过更换电池来验证此预测，如果手电筒现在可以亮了，你就证实了自己的假设。如果不能亮，你就必须修正或放弃现有的假设，或者换成另一个可以检验的假设（比如灯泡坏了）。图 2-14 说明了该过程的基本流程。

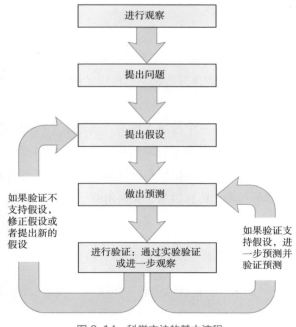

图 2-14　科学方法的基本流程

科学的特征

要界定科学思维，一种方法是列出科学家评判相互冲突的自然模型时所运用的标准。科学史家和科学哲学家已经深入研究了（并将继续研究）这个问题，针对细节问题，不同的专家表达了不同的观点。然而，我们现在认为的科学具有以下 3 个基本特征，我们将其称为科学的"特征"（见图 2-15）：

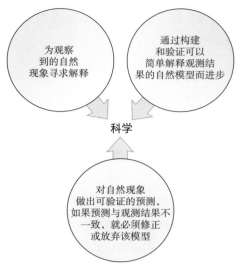

图 2-15　科学的特征

· 现代科学为观察到的自然现象寻求解释。

· 科学通过构建和验证可以简单解释观测结果的自然模型而进步。

· 科学模型必须对自然现象做出可验证的预测，如果预测与观测结果不一致，就必须修正或放弃该模型。

在哥白尼革命的历程中，这些特征都是显而易见的。第一个特征表现为，第谷对行星运动的精确测量促使开普勒对这些运动做出了更好的解释。第二个特征表现为，对几个相互冲突的模型进行比较和检验，尤其是托勒密模型、哥白尼模型和开普勒模型。第三个特征表现为，虽然每个模型都能精确预测太阳、月球、行星和恒星在太空中未来的运动，但开普勒模型因非常有效而获得人们的认可，其他相互冲突的模型则因预测与观测结果不符而失去青睐。图 2-16 概述了哥白尼革命的历程以及它如何阐明了科学的特征。

奥卡姆剃刀准则

第二个特征中"简单"的标准值得进一步解释。回想一下，哥白尼最初的模型并不比托勒密模型更好，而且显然与观察数据也不是很吻合。如果科学家仅基于预测的准确性来评判这个模型的话，他们可能会立即否定该模型。然而，许多科学家发现，哥白尼模型中的某些部分很有吸引力，比如它能简单地解释表观逆行。因此，他们保留了这个模型，最终开普勒想出了办法使该模型有效发挥了作用。

如果与观测数据相一致是评判模型的唯一标准，那么我们可以想象，为了提高模型与观测结果的一致性，现代托勒密模型需要在地心模型上额外增加数百万甚至数十亿个圆。这样一个十分复杂的地心模型，原则上能以近乎完美的精确度再现观测结果，但这仍无法使我们相信地球是宇宙的中心，我们仍会选择哥白尼的观点而不是地心说，因为哥白尼的预测同样准确，但它运用的自然模型更为简单。在与观测结果同样吻合的两种模型中，科学家应选择较为简单的一种，这一观点被称为"奥卡姆剃刀准则"。

可验证的观察

科学的第三个特征迫使我们思考这样一个问题：什么样的"观察结果"可以验证预测呢？想想外星人乘坐不明飞行物（UFO）到访地球的说法。支持这一说法的人认为，成千上万目击者报告称他们偶然碰到了 UFO，这证明 UFO 是真的。但是，这些个人描述能算作科学证据吗？从表面上看，答案并不明显，因为所有的科学研究在某种程度上都涉及目击者的描述。例如，只有少数科学家亲自对爱因斯坦的相对论进行过细致的验证，而正是他们对观察结果的个人描述使其他科学家相信相对论的有效性。然而，科学验证与 UFO 的个人描述之间有一个重要的区别：原则上前者可以被任何人证实，而后者不能。

理解这种差异对于理解什么是科学、什么不是科学至关重要。即使你可能从未亲自验证过爱因斯坦的相对论，但无论什么都无法阻止你去验证。你可能需要几年的研究才能获得必要的背景知识来进行验证，但你最终可以证实其他科学家所表述的结果。换句话说，虽然你现在可能相信科学家亲眼看见之类的表述，但你总是可以亲自验证他们的表述。

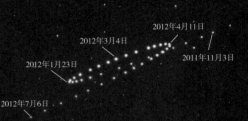

① 夜复一夜，行星通常相对于恒星由西向东运动。然而，在表观逆行期间，它们会在数周到数月内逆转方向。古希腊人知道，任何可靠的太阳系模型都必须能解释这些观测结果

2012年4月11日
2012年3月4日
2012年1月23日
2011年11月3日
2012年7月6日

这张合成的照片展示了火星的表观逆行

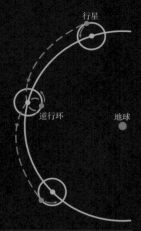

② 大多数古希腊思想家认为，地球位于太阳系的中心，而且静止不动。为了解释逆行运动，他们在以地球为中心的模型中加入了一个复杂的圆上套圆的运动体系。然而，也有一些古希腊人，比如阿里斯塔克斯，支持以太阳为中心的模型，因为这个模型可以更简单地解释逆行运动

行星
逆行环
地球

古希腊地心模型可以解释表观逆行，在这个模型中，行星绕地球以小圆运行，小圆又绕大圆运行

科学的特征　科学模型必须为观察到的自然现象寻求解释。古希腊人用几何学来解释他们所观察到的行星运动

（左页）
1539年的宇宙示意图。图中地球位于中心，太阳（SOLIS）在金星（VENERIS）和火星（MARTIS）之间绕地球运行

（右页）
1543年出版的哥白尼的《天体运行论》中的一页，在这页中，太阳（Sol.）位于中心，地球（Terra）在金星和火星之间运行

LIBRI COSMO.　Fo.V.
Schema huius præmiſſæ diuiſionis
Sphærarum.

EMPIREVM　HABITACVLVM
Decimum Coelum　Primū Mobile
Nonū Coelum　Cryſtallinum
Octauum　Firmamentū
COELV ♄ SATVRNI
COELV ♃ IOVIS
♂ MARTIS
SOLIS
♀ VENERIS
☿ MERCVRII
LVNÆ
COELVM
DEI

图 2-16　哥白尼革命

注：古代以地球为宇宙中心的模型可以很容易地解释太阳和月球在天空中的简单运动，却很难解释较为复杂的行星运动。对行星运动的不断探索最终使我们对地球在宇宙中位置的思考发生了革命性的变化，这就是科学的过程。本图概述了这一过程的主要步骤。

③ 到哥白尼时代，基于地心模型所作的预测明显已经不准确了。哥白尼希望对此进行改进，于是他提出了以太阳为中心的思想。但是他的预测还不是很准确，因为他仍坚守古老的观念，即行星必须以完美的圆周运行，但他激发了一场革命，在接下来的一个世纪里，这场革命由第谷、开普勒和伽利略继续进行着

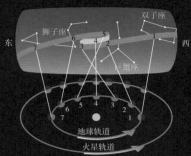

表观逆行可以通过太阳系以太阳为中心来简单地予以解释。请注意，地球经过火星时，火星似乎改变了方向

科学的特征　　科学通过构建和检验可以简单解释观测结果的自然模型而进步。哥白尼构建了以太阳为中心的模型，希望能比更复杂的以地球为中心的模型更好地解释观测结果

④ 第谷对行星运动的观测达到了前所未有的精准度，从而揭示了古希腊模型和哥白尼模型中的缺陷。基于第谷的观察结果，开普勒得出了突破性的见解：行星轨道是椭圆形的，不是圆形的，开普勒由此提出了行星运动三定律

开普勒第一定律：所有行星绕太阳运行的轨道都是椭圆的，太阳处于椭圆的一个焦点上

开普勒第二定律：当行星绕轨道运行时，连接行星和太阳的假想线在相同时间内扫过的面积相等

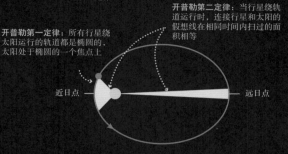

近日点　　　　　　　　　　　　　　　　　远日点

开普勒第三定律：距离太阳越远的行星绕太阳运行的速度越慢，并遵循 $p^2 = a^3$

科学的特征　　科学的模型可以对自然现象做出可验证的预测，如果预测与观测结果不一致，就必须修正或放弃该模型。开普勒放弃了行星以完美的圆周运动的观念后，他的模型才与观测结果保持一致

⑤ 伽利略的实验和望远镜的观测结果消除了科学界对日心模型仍存在的反对意见。伽利略的发现和开普勒定律在预测行星运动方面的成功，彻底推翻了地心模型

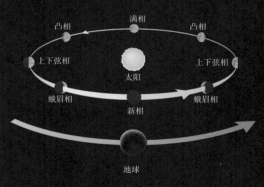

凸相　　　　满相　　　　凸相
上下弦相　　　　　　　　　　上下弦相
太阳
蛾眉相　　　　　　　　　　蛾眉相
新相

地球

伽利略用望远镜观测到了金星的相位，这与金星绕太阳（而不是绕地球）运行的观点相一致

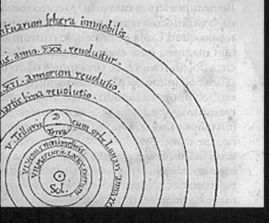

相比之下，你无法验证某人目击 UFO 的说法。此外，对目击者证词的科学研究表明，证词是非常不可靠的；不同的目击者经常对所看到的物体产生不同的看法，即便是在事件发生后不久，而且随着时间的推移，对这件事的记忆可能还会改变。在一些将记忆与现实进行比对的案例中，有人报告称，对一些根本没有发生过的事件记忆犹新。这就解释了我们几乎所有人都经历过的事：你与朋友就谁在什么时候做了什么事意见不同。在这种情况下，不可能两个人都是对的，所以至少有一个人的记忆与现实不符。

目击者证词的不可靠性可以解释为什么这类证词通常被认为不足以在刑事法庭定罪，要定罪至少还需要一些其他证据。出于同样的原因，无论是谁提供的证词或者是有多少人提供了类似的证词，我们都不能认为目击证人的证词本身就是足够的科学证据。

科学的客观性

我们通常认为科学是客观的，这意味着所有人都能够得到相同的科学结果。然而，科学的整体客观性与个别科学家的客观性是有差异的，后者可能

●── 趣味问答 ──●

春分时鸡蛋才能立起来吗？

科学的特征之一是，你无须盲目相信科学的主张。至少在原则上，你总是可以亲自进行验证。想想每年新闻报道中反复出现的一种说法：只有在春分这一天，你才能把鸡蛋立起来。很多人相信这种说法，但如果你想想春分的性质，你马上就会质疑。春分只是阳光均等照射两个半球的一个时间点，我们很难看出那天的阳光会影响鸡蛋的竖立状态（尤其是鸡蛋放在室内的话），而且那天的地球引力与太阳引力并没有什么特别之处。

更重要的是，你可以直接验证这一说法。把鸡蛋立起来并不容易，但通过练习，你可以在一年中的任何一天做到这一点，而不仅仅是在春分。并非所有的科学主张都那么容易进行验证，但基本的经验很明确：在接受任何科学主张之前，你应该有合理的证据来解释和证实该主张。

会把个人的偏见和观念带到科学工作中。例如，大多数科学家基于个人兴趣而非客观计划选择自己的研究项目。在有些极端的案例中，科学家为了得到自己想要的结果会故意或下意识地作弊。例如，在 19 世纪晚期，天文学家珀西瓦尔·洛厄尔（Percival Lowell）声称，他在望远镜观测到的模糊的火星图像中看到了人工运河形成的网络，由此他得出结论：火星上存在着伟大的文明。但实际上并不存在这样的运河，所以一定是他自己对外星生命的看法影响了他对所观察到的现象的解释，这本质上是一种欺骗，虽然几乎可以确定他不是有意为之。

即使在整个科学界，思维偏见也会偶尔出现。有些合理的观点可能不被科学家重视，因为这些观点与当时的普遍思维模式或范式不吻合。爱因斯坦的相对论就是一个例子。在爱因斯坦之前的几十年里，许多科学家已经收集到了该理论的一些线索，但没有对其进行研究，一部分原因是这些线索看起来太古怪了。

科学的美妙之处在于，它鼓励许多人去验证。即使个人偏见会影响某些结果，但其他人的验证最终也会发现其中的错误。同理，如果一个新想法是正确的，但不在人们公认的范式内，那么人们对这个想法的不断检验和验证最终会转变范式。从这个意义上说，科学最终提供了一种使人们达成一致的方法，至少在可以进行科学研究的主题上是这样的。

Q4　爱因斯坦的相对论会失效吗？

尽管科学理论能充分解释所观测到的现象，但我们无法证明它永远是绝对正确的，因为未来的观测结果可能与其预测不一致。然而，只要能成为科学理论，就一定有大量令人信服的证据来证明。

无法永远保证正确——正是科学的魅力之处，我们将考察科学思维的关键特征，并了解科学是如何得出宇宙运行的可靠知识的。正是因为这些知识非常可靠，因而我们如今可以将宇航员送入太空，并让他们安全返回地球。

最成功的科学模型仅用几个一般定律就可以解释各种各样的观测结果。当强大而简单的模型做出的预测能经受住反复多样的检验时，科学家就会将其提升为理论。著名的理论如牛顿的万有引力定律、达尔文的进化论和爱因斯坦的相对论。

需要注意的是，理论一词的科学含义与其日常含义完全不同。在日常含义中，理论更接近于猜测或假设。例如，有人可能会说："我有一个新的理论可以解释人们为什么喜欢海滩。"如果没有经他人检验和证实的大量证据支持，这个"理论"实际上只是一个猜测。相比之下，牛顿的万有引力定律是科学理论，因为它运用简单的物理学原理来解释大量的观测数据和实验结果。"理论"只是在科学中与在日常生活中含义不同的众多术语之一，表 2-1 总结了一些这样的术语。

表 2-1　科学含义常与日常含义不同

英文术语	日常含义	科学含义	在科学中的应用示例
model	自己构建的模型，比如飞机模型	自然现象的一种表征，有时运用数学或计算机对其进行模拟，旨在解释或预测所观察到的现象	行星运动模型可用来精确计算行星在天空中的位置
hypothesis	指几乎任何类型的猜测或假设	为解释某些观测结果而提出的一种模型，但尚未得到严格证实	科学家假设月球是由一次大碰撞形成的，但没有足够的证据使人们完全相信这一假设
theory	一种理论	一种特别强大的模型，经过了广泛的检验和验证，我们对它的有效性充满信心	爱因斯坦的相对论成功地解释了一系列自然现象，其正确性已经过多次检验
bias	出于政治动机对事实的歪曲	倾向于某一特定结果	目前探测太阳系外行星的技术偏重于探测大行星

续表

英文术语	日常含义	科学含义	在科学中的应用示例
critical	非常重要的；批评的，常指负面的批评	就在边缘，靠近边界	沸点是一个"临界值"，因为高于这个温度，液体就会沸腾
deviation	奇怪或不可接受的行为	变化或差异	最近全球气温偏离了其长期平均水平，这意味着地球正在变暖
enhance/enrich	改进	增加或补充，但不一定是为了使某物"更好"	"增强色彩"是指颜色已经提亮；"富含铁"意指含有更多的铁
error	错误	范围不确定	"误差范围"是指测量值与真实值的接近程度
feedback	回应	自我调节（负反馈）或自我强化（正反馈）的循环	引力可以为行星的形成提供正反馈：增大质量会使引力增大，引力增大又会产生更多的附加质量，以此类推
state（用作名词）	地方或地点	对当前状况的描述	太阳处于一种平衡状态，所以它能一直发光
uncertainty	不确定	围绕某个中心值的一组可能值	我们测定的太阳系年龄是45.5亿年，不确定的范围是0.02亿年
values	道德；货币价值	数字或数量	光速的测量值是30万千米/秒

注：表中列出了一些在媒体上常见的词，这些词在科学中的含义与在日常生活中的含义不同。

资料来源：改编自理查德·萨默维尔（Richard Somerville）和苏珊·乔伊·哈索尔（Susan Joy Hassol）在《今日物理》杂志（Physics Today）上登载的表格。

　　总之，科学理论与假设或任何其他类型的猜测不同。我们可以随时更改假设，因为它尚未经过仔细的检验。相反，科学理论已经过了多次检验，其结果不能随意放弃。如果一个理论未通过新的检验，那么会产生一个替代理论来解释以前的结果。

Q5　如果"牛顿的苹果"砸中你，会怎么样？

我们对引力认识的突破来自牛顿。根据牛顿自己的说法，1666年，当他看到苹果掉到地上时，瞬间产生了灵感，他突然意识到使苹果掉下来的引力与使月球绕地球运行的引力是一样的。凭借这一见解，牛顿消除了长期以来对太空领域和地球领域的区分，并首次把这两个领域结合在一起，使宇宙由一套单一原则支配。

当你丢下物体时，物体确实落向地面，行星也确实绕太阳运行。然而，尽管我们每天都在体验引力，但引力理论却用了很长时间才形成。我们需要看到事实和理论之间的区别，那就是：事实是我们认为可以证明为真的东西；而理论是个模型，它解释了为什么一组事实是正确的，并且可以随着我们收集到更多的事实而予以修正。

要想更加清楚地认识理论如何在事实的基础上进行修正，我们可以继续用引力理论的发展作为例子。

在古希腊，亚里士多德认为引力是重物的固有属性，并声称较重的物体会比较轻的物体下落得更快。伽利略通过一系列实验对这一观点进行检验，包括从比萨斜塔上抛下重物的实验。他的研究结果表明，只要忽略空气阻力，所有物体落地的速度都是一样的。因此，亚里士多德关于引力的观点是错误的，但伽利略的观点仍不足以成为有用的理论。

牛顿的引力理论

牛顿不断地努力，最终想明白了背后的机制，发现了万有引力定律，并于1687 年发表在他的著作《原理》一书中。牛顿用万有引力定律对引力进行了数学表达。下面 3 个简单的表述可以概括这条定律：

· 每个有质量的物体都会通过引力吸引其他有质量的物体。

· 任意两个物体之间引力的大小与它们质量的乘积成正比。例如，其中一个物体的质量加倍，两个物体之间的引力也会加倍。

· 两个物体之间引力的大小随中心之间距离的平方而减小。因此我们说，万有引力与距离的平方成反比。例如，如果两个物体之间的距离加倍，那么引力就会减弱为原来的 1/4。

通过这 3 个表述，我们可以对牛顿万有引力定律有充分的了解。在数学上，这 3 个表述可以组合成一个等式，这个等式通常表示为：

$$F_{\mathrm{g}}=G\,\frac{m_1 m_2}{d^2}$$

其中 F_{g} 为万有引力，m_1 和 m_2 为两个物体的质量，d 为两个物理中心之间的距离（见图 2-17）。符号 G 是个常数，称为引力常量，其数值经测量为 6.67×10^{-11} 米^3/（千克 × 秒^2）。

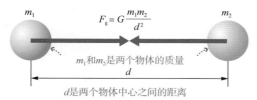

万有引力定律向我们揭示了两个物体之间引力的大小

$F_{\mathrm{g}} = G\dfrac{m_1 m_2}{d^2}$

m_1 和 m_2 是两个物体的质量
d

d 是两个物体中心之间的距离

图 2-17　万有引力定律

注：万有引力定律是平方反比定律，即引力随着两个物体之间距离 d 的平方递减。

牛顿的万有引力定律很快就得到了人们的认可，因为它可以解释其他科学家已发现的大量事实。例如，它可以解释伽利略所观测到的自由落体现象以及开普勒的行星运动定律。更令人印象深刻的是，它在预测方面有了新的突破。在牛顿发表了万有引力定律后不久，埃德蒙·哈雷爵士就利用这一理论计算出曾于 1682 年发现的一颗彗星的轨道，并基于此预测该彗星将于 1758 年回归。哈雷预测的彗星如期回归，因此现在这颗彗星以他的名字命名。

1846 年，法国天文学家奥本·勒维耶（Urbain Leverrier）在仔细研究了天王星的轨道后，利用万有引力定律预测出，天王星的轨道正受到之前未被发现的第八颗行星的影响。他预测了这颗行星的位置，并写信给柏林天文台的约翰·伽勒（Johann Galle），建议他们进行搜寻。1846 年 9 月 23 日晚，伽勒发现了海王星，而且距离勒维耶预测的位置只有 1°。这是万有引力定律取得的又一次惊人的胜利。

出现的问题

如今，我们可以把万有引力定律应用于宇宙的所有物体，包括绕恒星运行的太阳系外行星的轨道、绕银河系运行的恒星的轨道，以及星系之间相互运行的轨道。我们似乎没有理由怀疑这条定律的普适性。但现在我们知道，万有引力定律并不能解释引力的全部现象。

在勒维耶成功预测到海王星的存在后不久，万有引力定律就出现了第一个问题。天文学家发现，所观测到的水星轨道的特征与万有引力定律预测的特征之间存在细微差异。这个差异非常小，而且水星是唯一出现问题的行星，但似乎也没有办法解释两者的差异。如果不是观测数据有误（这似乎不太可能），就是牛顿的万有引力定律对水星轨道的预测略有出入。

爱因斯坦的解决方案

1916 年，爱因斯坦发表了广义相对论，解决了水星的问题。该理论预测的水星轨道与观测结果一致。不久之后，天文学家在日食期间对爱因斯坦的广义相对论进行了检验，发现该理论成功地预测出太阳被遮挡的圆盘附近可见恒星的精确位置，而牛顿的万有引力定律给出的预测略有偏差。之后，科学家一直在检验牛顿和爱因斯坦的理论。在两种理论给出不同答案的每种情况下，爱因斯坦的理论都与观测结果相符，而牛顿的理论则不然。因此，如今我们认为，爱因斯坦的广义相对论已经取代了牛顿的万有引力定律，成为"最好的"引力理论。

那么，这是否意味着牛顿的万有引力定律是"错误的"？请记住，万有引力定律成功地解释了对宇宙中几乎所有引力的观测结果，而且这一理论非常有效，我们可以用它来绘制宇宙飞船飞往行星的路线。此外，在万有引力定律适用的所有情况下，爱因斯坦的广义相对论给出了基本相同的答案。只有在极其精确的测量或引力异常强大的情况下，这两种理论之间预测的差异才会很明显。因此，我们并不是说牛顿的理论是错误的，而是说相对于更精确的引力理论（爱因斯坦的广义相对论）而言，它只是一种近似的理论。在大多数情况下，这种近似非常适用，因而我们几乎分辨不出两种引力理论之间的差异，但在强引力的情况下，爱因斯坦的理论行之有效，牛顿的理论则不然。

虽然迄今为止爱因斯坦的引力理论已经通过了所有的检验，但大多数科学家认为，我们最终还会找到一个更好的引力理论。原因是，对于引力可能最极端的情况，即体积无穷小、密度无穷大的黑洞中心处的引力，爱因斯坦的相对论与同样经过充分检验的量子力学理论给出的答案不同。由于这两种理论在这种特殊情况下相互矛盾，科学家知道，最终必须修正其中一种或两种理论。

引力既是事实也是理论。从我们对地球上的落体与太空中绕轨道运行的天体的观测来看，引力是事实这一点显而易见。引力理论可以充分解释这些观测结果，我们也可以用它来精确预测物体在引力作用下的行为。

未来，我们会进一步完善引力理论，但无论我们如何修正引力理论，引力仍然是一个事实。值得注意的是，除引力外，科学家在许多其他情况下也做出了同样的区分，例如他们谈论原子真实存在这一事实并用原子理论进行解释时，以及他们谈论化石记录中揭示的进化事实并用进化理论进行解释时。

要点回顾

The Cosmic Perspective Fundamentals >>>

- 在"地心说"模型中,托勒密模型的成就最高。尽管托勒密模型很复杂,但它非常有效,它可以准确地预测未来行星的位置,而且误差在几度之内,这个误差大约是你伸直手臂后,手掌的角大小,即手掌在你视野中所呈现的角度。

- 哥白尼革命以一种新型的观点取代了古老的以地球为中心的宇宙观,这种观点认为,地球只是围绕太阳运行的一颗行星。这也使科学家认识到精确观测在检验自然模型中的重要性。

- 科学通常表现出 3 个特征:(1) 现代科学为观察到的自然现象寻求解释;(2) 科学通过构建和验证可以简单解释观测结果的自然模型而进步;(3) 科学模型必须对自然现象做出可验证的预测,如果预测与观测结果不一致,我们就必须修正或放弃该模型。

- 科学理论是一种简单而强大的模型,它仅用几条普遍原理就能解释各种各样的观测结果,并通过反复多样的检验获得理论的地位。

- 虽然引力作为事实不会改变,但引力理论可以随着时间推移不断完善。例如,爱因斯坦的广义相对论完善了牛顿的万有引力定律。

03

太阳系如何成为"家园的家园"

妙趣横生的宇宙学课堂

- ·太阳系是随机形成的吗?
- ·太阳系行星有哪些"家族特征"?
- ·天体一出生就会自转吗?
- ·气态行星如何诞生?
- ·如何测量太阳系的年龄?

从太空中，我们看到的地球是黑色虚空背景下的一片蓝色绿洲。这一图景激发人们创作出了伟大的艺术、音乐和诗歌作品，并成为全球环境意识的象征。这一图景也启发我们提出科学问题，比如我们的星球是如何形成的，为什么它会成为理想的生命家园。然而，想要解答这些问题，我们需要在更大的尺度上进行思考，比如探索太阳系的一般特征，并运用太阳系形成的现代科学理论来解释这些特征。本章内容，你有机会将地球与其他星球进行比较，在这样的比较过程中，你会充分理解这些问题的答案。接下来，我们首先探索太阳系的一般特征，并运用太阳系形成的现代科学理论来解释这些特征。

Q1 太阳系是随机形成的吗？

如果我们从太阳系外围观察太阳系，我们会看到什么呢？如果没有望远镜，这个问题的答案就是"看不到多少"。与太阳和行星之间的距离相比，太阳和行星的体积非常渺小，从太阳系的外围看过去，行星只是一些光点，太阳也只是天空中的一个小亮点。但是，如果我们相对于行星与太阳的距离，将行星放大约 1 000 倍，并显示其轨道，我们就会得到图 3-1 所示的图像。我们很容易找到太阳系中行星的数据，如表 3-1 所示。

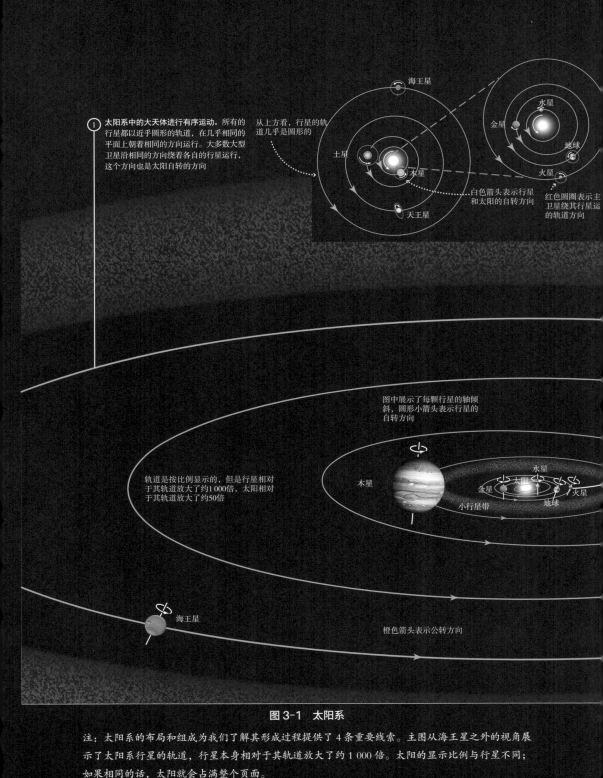

① **太阳系中的大天体进行有序运动。** 所有的行星都以近乎圆形的轨道，在几乎相同的平面上朝着相同的方向运行。大多数大型卫星沿相同的方向绕着各自的行星运行，这个方向也是太阳自转的方向

从上方看，行星的轨道几乎是圆形的

海王星

土星

水星

天王星

水星

金星

地球

火星

白色箭头表示行星和太阳的自转方向

红色圆圈表示主卫星绕其行星运行的轨道方向

图中展示了每颗行星的轴倾斜，圆形小箭头表示行星的自转方向

轨道是按比例显示的，但是行星相对于其轨道放大了约1000倍，太阳相对于其轨道放大了约50倍

木星

小行星带

太阳

水星

金星

地球

火星

海王星

橙色箭头表示公转方向

图 3-1 太阳系

注：太阳系的布局和组成为我们了解其形成过程提供了 4 条重要线索。主图从海王星之外的视角展示了太阳系行星的轨道，行星本身相对于其轨道放大了约 1 000 倍。太阳的显示比例与行星不同；如果相同的话，太阳就会占满整个页面。

行星主要分为两大类：小型岩质类地行星和富含氢的大型类木行星

类地行星 ● 　类木行星

类地行星：
· 质量和体积较小
· 位置距离太阳较近
· 由金属和岩石构成
· 卫星很少，没有光环

类木行星：
· 质量和体积较大
· 位置距离太阳较远
· 由氢、氦和氢化合物构成
· 具有光环和很多卫星

③ 成群的小行星和彗星遍布太阳系。在整个太阳系，我们发现了大量的岩质小行星和冰质彗星，但它们集中在3个不同的区域

小行星由金属和岩石组成，它们大多数在火星和木星之间的小行星带运行

更多的彗星在被称为奥尔特云的遥远球形区域围绕太阳运行，只有极少数彗星会进入内太阳系

彗星富含冰，许多彗星是在海王星轨道外的柯伊伯带中被发现的

柯伊伯带

④ 这些趋势中有几个值得注意的例外。有些行星具有不同寻常的轴倾斜、异常大的卫星，或者轨道不同寻常的卫星

天王星的奇怪倾斜

天王星

与其轨道相比，天王星几乎是躺着旋转的，它的光环和主要卫星的运行方向都是这样"侧向的"

地球相对较大的卫星

相对于其他卫星与它们的行星，月球在大小上与地球非常接近

土星

表 3-1　行星数据①

照片	行星	相对尺寸	距日平均距离（天文单位）	平均赤道半径（千米）	质量（假设地球质量=1）	平均密度（克/米³）	公转周期	自转周期	轴倾斜度	平均表面或云顶温度（开尔文）②	组成	已知卫星数量（截至2018年）	是否有光环？
	水星	·	0.387	2 440	0.055	5.43	87.9 天	58.6 天	0.0°	白天：700 晚上：100	岩石、金属	0	无
	金星	·	0.723	6 051	0.82	5.24	225 天	243 天	177.3°	740	岩石、金属	0	无
	地球	·	1.00	6 378	1.00	5.52	1.00 年	23.93 小时	23.5°	290	岩石、金属	1	无
	火星	·	1.52	3 397	0.11	3.93	1.88 年	24.6 小时	25.2°	220	岩石、金属	2	无
	木星	●	5.20	71 492	318	1.33	11.9 年	9.93 小时	3.1°	125	氢、氦、氢化合物③	69	有
	土星	●	9.54	60 268	95.2	0.70	29.4 年	10.6 小时	26.7°	95	氢、氦、氢化合物③	62	有
	天王星	●	19.2	25 559	14.5	1.32	83.8 年	17.2 小时	97.9°	60	氢、氦、氢化合物③	27	有
	海王星	●	30.1	24 764	17.1	1.64	165 年	16.1 小时	29.6°	60	氢、氦、氢化合物③	14	有
	冥王星		39.5	1 185	0.0022	1.9	248 年	6.39 天	112.5°	44	冰、岩石	5	无
	阋神星		67.7	1 168	0.0028	2.3	557 年	1.08 天	78°	43	冰、岩石	1	无

注：①包含矮行星冥王星和阋神星。
　　②木星、土星、天王星、海王星的温度为云顶温度，其余天体温度为表面温度。
　　③包括水、甲烷和氨气。

以上图表清楚地表明，太阳系不是星球的随机集合。相反，太阳系展现出一些清晰的模式。例如，所有的行星在几乎同一个平面上以相同的方向绕太阳运行，而且4颗宜居带内行星比4颗宜居带外行星小很多，彼此的距离也更近。

接下来我们将在太阳系的主要区域进行一次简短的旅行，从太阳出发，逐渐向外，从而构建太阳系的概貌。

太阳

太阳显然是太阳系中最大最亮的天体。它的质量占太阳系总质量的99.8%以上，几乎是太阳系中其他所有物质质量总和的1 000倍。太阳的引力决定了行星的轨道。太阳是太阳系中几乎所有可见光的来源，因为行星和卫星只有通过反射太阳光才能发光。太阳也是影响行星表面和大气温度的主要因素。从太阳向外移动的带电粒子（构成太阳风）有助于塑造行星磁场，并影响着行星的大气层。然而，因为我们可以在不了解太阳很多细节的情况下了解行星，所以我们把这些细节留到以后的章节，在研究太阳作为恒星时再进行探讨。

宜居带内行星

与宜居带外行星相比，4颗宜居带内行星，即水星、金星、地球和火星，都非常小，而且彼此之间距离非常近。这4颗行星的组成也相似，主要由金属和岩石组成，因此，我们经常称它们为类地行星。

尽管这4颗类地行星的组成相似，但它们在细节上却大不相同。水星是个荒凉、坑坑洼洼的星球，看起来很像月球。金星几乎与地球一样大，以极端的温度和压力而闻名：厚厚的二氧化碳大气层把金星表面烘烤到令人难以置信的470摄氏度，而且产生的表面大气压力相当于地球海平面以下近1 000米处的压力。

我们的家园地球，是太阳系中唯一一个表面有由液态水组成的海洋的星球。虽然火星表面如今没有任何液态水，但有明显的证据表明，在遥远的过去，火星表面曾有流动的水，因此，科学家对寻找火星上过去或现在存在的生命非常感兴趣。图 3-2 按比例展示了 4 颗类地行星以及它们表面的视图。

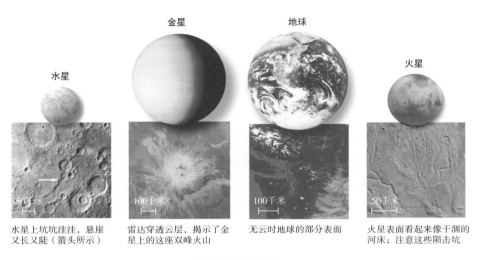

图 3-2　类地行星

注：按比例显示的类地行星以及从环绕其轨道上观察到的特写镜头。

小行星带

请注意图 3-1 中火星和木星轨道之间的圆点环形区域。这个区域表示小行星带，其中包含数百万颗小行星；小行星本质上是大块金属和岩石，像行星一样绕太阳运行，但它们的体积要小得多（见图 3-3）。尽管小行星数量众多，但它们的质量加起来比月球的质量还要小很多。在一些科幻电影中，你可能经常看到一艘宇宙飞船在穿越小行星带时，会不断地躲避，以免撞上小行星。然而，实际上小行星分散在非常大的空间区域，如果你驾驶宇宙飞船穿过小行星带，撞到小行星的概率很低。

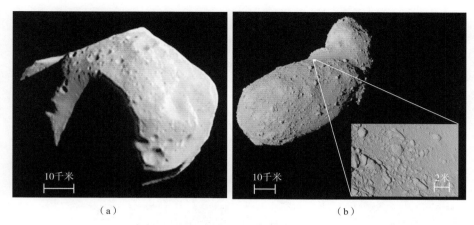

（a）　　　　　　　　　　　　　（b）

图 3-3　探测器造访过的两颗小行星的图像

注：图（a），梅西尔德（Mathilde）小行星，由"近地小行星交会"（NEAR）探测器拍摄。图（b），丝川（Itokawa）小行星，由日本"隼鸟号"（Hayabusa）小行星探测器拍摄，该探测器从小行星表面捕获了一些尘埃样本，并将其送回了地球。与这两颗小行星一样，大多数小行星都不够大，引力不足以使它们成为圆球形。

宜居带外行星

越过小行星带，我们进入了 4 颗宜居带外行星（木星、土星、天王星和海王星）的领域（见图 3-4）。这些行星比类地行星大得多，彼此之间距离也远得多。它们的组成也与类地行星有很大不同，它们含有大量在地球上可能呈气态的物质，包括氢、氦，以及氢化合物，如水（H_2O）、甲烷（CH_4）和氨（NH_3）。这样的组成意味着它们没有固体表面，如果你进入它们的大气层，你只会越陷越深，直到被越来越大的压力压扁。因为木星是这组行星中最大的，所以我们把它们统称为"类木行星"。

类木行星与类地行星的另一个重要区别在于：类地行星一共只有 3 颗卫星（一个是地球的卫星，两个是非常小的火星的卫星），而每个类木行星都有很多卫星，有许多卫星本身就令人惊叹。例如，木卫一是太阳系中火山活动最活跃的星球，而木卫二被认为拥有一个由液态水组成的深层地下海洋；土卫六是太阳系中唯一拥有厚厚的大气层的卫星，其表面含有由液态甲烷和乙烷组成的冷湖。除了卫星，这 4 颗类木行星的轨道上都有大量的微粒，这些微粒构成了它们的光环，但只有土星环可以从地球上很容易地看到。

图 3-4　类木行星

注：以地球为参照，按比例显示的类木行星，以及这些行星和它们的光环或卫星的一些特征。

彗星领域

纵观历史，人们对天空中偶尔出现的彗星很感兴趣，也很受启发。彗星是由岩石和冰组成的，因此，当彗星进入内太阳系时，随着冰升华出的水蒸气逃逸到太空中，它们会长出壮观的彗尾（见图 3-5）。

我们在天空中看到的彗星一定来自某个地方，科学家通过研究彗星的轨道得出结论，它们来自两个巨大的区域，如图 3-1 中第三个特征所示。第一个区域被称为柯伊伯带，是海王星轨道之外的一个环形区域，人们认为这个区域至少包含 10 万颗彗星。有些彗星，以及冥王星和阋神星，因体积足够大，自身的引力足以使它们呈圆球形，这样它们就成为矮行星。

图 3-5　彗星照片

注：2007 年，阿根廷巴塔哥尼亚上空的麦克诺特彗星和银河系。彗尾上方的模糊斑块是麦哲伦星云，即银河系的伴星系。

第二个彗星区域被称为奥尔特云。它比柯伊伯带离太阳更远，这个区域可能包含 1 万多亿颗彗星。这些彗星的轨道随机向黄道面倾斜，使奥尔特云大致呈球形。

Q2　太阳系行星有哪些"家族特征"？

我们已经看到，太阳系是一个星球家族，有无数的"家族特征"，我们期望关于太阳系形成的理论都能解释这些特征。我们将重点关注太阳系的 4 个主要特征，每个特征都与图 3-1 中对应编号的步骤相关。

特征 1：运动模式

图 3-1 展示了太阳系中大型天体的几种清晰的运动模式。例如：

· 所有行星的轨道几乎都是圆形的，并且几乎位于同一平面上。
· 所有行星都以相同的方向绕太阳运行：从地球北极上空看，是逆时针方向。
· 大多数行星的自转方向都与公转方向相同，而且轴倾斜度很小。太阳也以同样的方向自转。
· 太阳系的大多数大型卫星在绕其行星运行的轨道上都表现出类似的特性，比如在其行星的赤道面上以与行星自转相同的方向公转。

总之，这些有序的运动模式说明了太阳系的第一个主要特征。我们很快就会看到，根据太阳系形成理论，这些运动模式是太阳系诞生早期阶段所产生的结果。

特征 2：两种类型的行星

我们简短的行星之旅表明，4 颗类地行星与 4 颗类木行星在性质上有很大不同。表 3-2 对比了这两种行星的一般特征。我们将会看到，相比于类木行星，类地行星离太阳更近，这一事实为我们了解太阳系的历史提供了重要的线索。

表 3-2 类地行星与类木行星的对比

类地行星	类木行星
体积与质量较小	体积与质量较大
高密度	低密度
主要由岩石和金属组成	主要由氢、氦和氢化合物组成
固态表面	无固态表面
（如果有卫星）卫星极少，也没有光环	有光环，有很多卫星
离太阳更近，彼此之间距离也更近，表面温度更高	离太阳更远，彼此之间距离也更远，云顶温度较低

特征 3：小行星和彗星

太阳系的第三个主要特征是存在大量绕太阳运行的小天体，即岩质小行星和冰质彗星。此外，我们发现，这些小天体并不是随机分布在整个太阳系中，而是主要分布在 3 个区域：大多数小行星在火星和木星之间的小行星带内绕太阳运行，而彗星则处于海王星轨道之外的柯伊伯带以及更遥远的球形奥尔特云中。太阳系形成理论必须既要考虑到大量的小天体，也要考虑到它们在这 3 个主要区域的分布情况。

特征 4：规则的例外

太阳系的第四个重要特征是，在一般规律之外，也有一些明显的例外。例如，虽然大多数行星的自转与公转方向相同，但天王星几乎是躺着自转的，而金星则是"向后"自转（与行星公转方向相反）。同理，虽然大多数大型卫星在其行星的赤道面上以与行星自转相同的方向公转，但许多小卫星的公转轨道平面与行星赤道平面成 0 ～ 180 度夹角。

最有趣的例外之一是月球。虽然其他类地行星（如水星和金星）要么没有卫星，要么卫星非常小（如火星有两个小卫星），但地球拥有太阳系中最大的卫星之一（月球）。太阳系形成理论必须既能解释一般规律，也能解释这样的例外。

Q3　天体一出生就会自转吗？

太阳系的 4 个主要特征不太可能是巧合。接下来，我们将讨论现代太阳系诞生理论是如何成功解释太阳系的第一个主要特征，即天体的有序运动。

我们在前面章节已简要介绍过，有证据表明，恒星系统是通过太空中巨大的气体云的引力坍塌而诞生的。这个观点最初是由德国哲学家康德于 1755 年提出的，但直到最近才被人们接受，因为基于这一观点构建的详细模型已成功地解释了太阳系的主要特征。这些模型也成功地将这一观点提升到了科学理论的地位。我们现在称之为太阳系形成的星云理论，因为星际云通常被称为星云，而且该理论成功解释了对其他行星系的观测结果，即这些行星系在被发现之前星云理论就可以预测到它们的存在。

大约 45 亿年前形成太阳系的特殊星云通常被称为"太阳星云"。那时宇宙已经存在了 90 多亿年，几代恒星已将大爆炸产生的原始氢和氦中的约 2%（按质量计算）转化为更重的元素。也就是说，太阳星云由大约 98% 的氢和氦组成，其他所有元素加起来仅占 2%。因此，岩质类地行星是由太阳星云中占比较小的元素组成的。

太阳星云最初可能是一个巨大的、大致呈球形的云团，由冰冷的低密度气体组成。这种气体最初可能非常分散，也许分布在直径为数光年的区域内，仅靠引力无法将它们聚集在一起，云团因此开始坍缩。坍缩也可能是由灾难性事件引发的，比如受到近距恒星（超新星）爆炸产生的冲击波的影响。

云团一旦开始坍缩，万有引力定律就会使其继续下去。根据万有引力定律，引力的大小与距离的平方成反比。云团坍缩时质量保持不变，因此引力随云团直径的减小而增大。由于引力从各个方向向内牵拉，你最初可能会认为，太阳星云在坍缩的过程中会保持球形。的确，引力从各个方向牵拉的观点解释了为什么太阳和行星是球形的。然而，万有引力定律并不是影响气体云团坍缩的唯一物理定律，还有 3 个关键的过程会改变太阳星云的密度、温度和形状（见图 3-6）：

· 升温。太阳星云的温度随着坍缩而升高。这种升温表示能量守恒在起作用。随着云团缩小，其引力势能转化为单个气体粒子向内下落的动能。这些粒子相互碰撞，将它们向内下落的动能转化为不规则运动粒子的动能。太阳在云团中心形成，那里的温度和密度最高。

· 旋转。就像滑冰者在旋转时收回手臂一样，太阳星云随着半径的缩小，旋转速度越来越大，这种旋转速度的增大表示角动量守恒在起作用。云团在坍缩之前，旋转极其缓慢，但随着时间的推移，云团坍缩使其必须快速旋转。而且快速旋转也使云团中的物质分散开来，而不会全部坍缩到中心。

· 扁平化。太阳星云扁平化，使它成为一个圆盘。这种扁平化是旋转云团中粒子之间碰撞的自然结果。云团最初可以是任意大小或任意形状，云团中不同的气团以任意的速度向任意方向运动。随着云团坍缩，这些气团相互碰撞并合并，每个新气团的平均速度都与形成它的气团相同。因此，随着云团坍缩，云团的随机运动变得更加有序，将云团逐渐变成一个旋转的扁平圆盘，云团中所有粒子的轨道都接近圆。

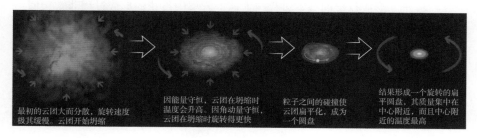

图 3-6 云团坍缩过程

注：这一系列插图展示了巨大而分散的球形云团逐渐坍缩成旋转的扁平盘的过程。炽热、致密的中央凸起变成了恒星，而行星形成于周围的圆盘中。

所有的行星都形成于一个扁平的圆盘中，因而它们几乎都在同一个平面上绕太阳运行，圆盘旋转的方向就变成了太阳的自转方向和行星的公转方向。计算机模型显示，行星在形成时倾向于以相同的方向自转，这就是大多数行星都以相同的方向自转的原因，但是与整个圆盘相比，行星的体积较小，因而也会出现一些例外情况。圆盘中的碰撞使轨道变得更圆，这一事实解释了为什么大多数行星的轨道都接近圆形。

Q4　气态行星如何诞生？

　　星云理论可以解释太阳系为什么会出现两种类型的行星：类地行星和类木行星。要想了解整个过程，我们必须考察太阳星云变成旋转的扁平圆盘后又发生了什么。

　　在圆盘的中心，引力将足够多的物质聚集在一起形成了太阳。然而，在圆盘的周围，气体物质过于分散，仅凭引力无法将物质聚集起来。因此，物质必须以其他方式聚集，物质的体积不断增大，最终引力将其聚集形成行星。

　　从本质上讲，行星的形成需要有"种子"，即周围的固体物质，引力最终使这些物质形成行星。

　　"种子"形成行星的基本过程与地球上云层中雪花的形成过程非常相似：当温度足够低时，气体中的原子或分子可能会结合在一起并固化。固体（或液体）粒子在气体中形成的过程一般叫作凝结①，粒子是从气体中凝结出来的。不同的物质在不同的温度下凝结。如表 3-3 所示，太阳星云的成分主要分为 4 大类：

- 氢气和氦气（占太阳星云的 98%）。这些气体在星云现有的条件下不会凝结。
- 氢化合物（占太阳星云的 1.4%）。水、甲烷和氨气等物质在低温（在太阳星云的低压下低于 150 开尔文）下可以凝结成冰。
- 岩石（占太阳星云的 0.4%）。岩石在高温下是气态的，但在大约 500 到 1 300 开尔文的温度下凝结成固体，这取决于岩石的类型。
- 金属（占太阳星云的 0.2%）。铁、镍和铝等金属在高温下也是气态的，

---

① 英文为 condensation，指物质从均匀的气态或等离子态聚集形成更大的团块或结构的过程。——编者注

但在比岩石更高的温度下，即通常在 1 000 到 1 600 开尔文的温度范围内，便会凝结成固体。

表 3-3   太阳星云中的物质

	例子	典型凝结温度	相对丰度（按质量计）
氢气和氦气	氢、氦	在星云中不凝结	98%
氢化合物	水、甲烷和氨气	＜ 150 开尔文	1.4%
岩石	各种矿物	500～1 300 开尔文	0.4%
金属	铁、镍、铝	1 000～1 600 开尔文	0.2%

注：正方形表示每种类型的相对比例（按质量计）。

因为氢气和氦气约占太阳星云质量的 98%，而且不会凝结，所以星云的绝大部分一直都是气态。然而，在一定温度范围内，其他物质可能会凝结（见图 3-7）。在靠近太阳的地方，温度太高，任何物质都无法凝结。在离太阳远一些的地方，温度降至足以使金属和各种类型的岩石凝结成微小的固体颗粒，但温度仍然太高，氢化合物无法凝结成冰。冰只能在冻结线以外才能形成，冻结线位于现今火星和木星的轨道之间。因此，冻结线是太阳系温暖的内部区域和寒冷的外部区域之间的关键过渡。在内部区域，形成行星的固体种子仅由金属和岩石组成；而在外部区域，形成行星的种子除含有金属和岩石外，还含有冰。

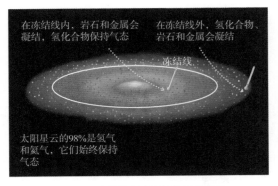

图 3-7　太阳星云中不同物质的凝结

对两种类型行星的解释

小"种子"成长为行星的过程称为"吸积"（见图 3-8）。吸积始于微小的固体颗粒，这些颗粒从太阳星云的气体中凝结而成，并与凝结成它们的气体保持在同样有序的圆形轨道上运行。因此，单个颗粒的运动速度与相邻颗粒的运动速度几乎相同，所以"碰撞"更像是轻柔的触摸。尽管这些颗粒太小，无法相互吸引，但它们能够通过静电力凝聚在一起，就像"静电"把头发粘在梳子上一样。于是，小颗粒开始结合成较大的颗粒。随着颗粒质量的增加，它们开始通过引力相互吸引，加速成长为大到足以算作星子的巨石，也就是"行星碎片"。

在内太阳系，只有金属和岩石可以凝结成固体颗粒，因此，星子最终由金属和岩石组成。这些星子起初增长迅速，有些可能在短短几百万年内尺寸就达到了数百千米——这对人类来说是很长的一段时间，但只是太阳系当前年龄的千分之一。此时，星子之间的引力交会开始发挥重要作用。这些碰撞往往会使星子改变轨道，尤其是那些较小的星子。由于不同的轨道相互交叉，它们碰撞的速度会更大，经常使星子碎裂。只有最大的星子才能避免碎裂，成长为行星。

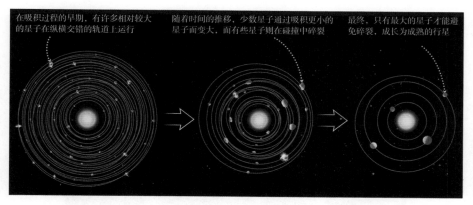

在吸积过程的早期，有许多相对较大的星子在纵横交错的轨道上运行

随着时间的推移，少数星子通过吸积更小的星子而变大，而有些星子则在碰撞中碎裂

最终，只有最大的星子才能避免碎裂，成长为成熟的行星

图 3-8 由金属和岩石组成的星子逐渐吸积成为类地行星的过程

注：此图未按实际比例绘制。

在冻结线以外，温度较低，冰可以与金属和岩石凝结在一起。由于冰比岩石和金属的数量更多（见表 3-3），外太阳系的一些冰质星子能够增长到地球质量的许多倍。有了这些巨大的质量，冰质星子的引力变得足够强大，足以捕获和留住占太阳星云绝大部分的氢气和氦气。冰质星子的质量越大，引力就越强。这个模型可以解释 4 颗类木行星存在的原因：每颗行星的形成都始于冰质星子的吸积，但它们最终聚集了大量气体，结果形成了富含氢和氦的行星。

趣味问答

是太阳引力把岩石吸引到星云内部吗？

有些人认为，是太阳的引力把致密的岩石和金属物质吸引到了太阳星云的内部，而由于引力无法吸引气体，所以它们从星云内部逸出。但事实并非如此，所有成分都在太阳引力的影响下一起绕太阳运行。颗粒或行星的轨道与它们的体积或密度无关，因此太阳的引力并不是形成不同类型行星的原因。太阳星云中不同的温度才是形成不同行星的原因。

这个模型还可以解释大多数类木行星的大型卫星形成的原因。形成太阳星云圆盘的升温、旋转和扁平化过程，应该也影响了被引力吸引到年轻类木行星上的气体。每颗类木行星都被自身的气体盘所包围，其旋转方向与行星自转方向一致（见图 3-9）。由这些气体盘内冰质星子吸积而成的卫星，其运行轨道接近圆形并且靠近行星的赤道面，公转方向与行星的自转方向相同。

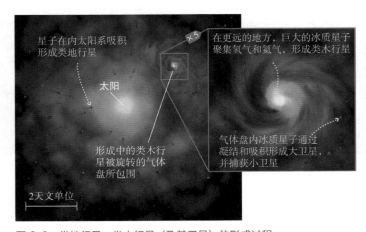

图 3-9　类地行星、类木行星（及其卫星）的形成过程

注：巨大的冰质星子从太阳星云中捕获了氢气和氦气，形成类木行星，形成中的类木行星被旋转的气体盘所包围，这些气体盘很像整个太阳星云圆盘，但体积较小。

还有一个重要的问题：太阳星云中的绝大多数氢气和氦气从未成为任何行星的一部分，那它们去哪儿了呢？针对其他恒星系统所构建的模型和进行的观测表明，它们被形成初期的太阳发出的高能光和太阳风（从太阳向四面八方不断吹出的带电粒子流）吹散了。这些气体被吹散后，行星的组成成分几乎保持不变。如果这些气体存在的时间较长，它们可能会继续冷却，直到氢化合物凝结成冰，即使在内太阳系也是如此。如果是这样的话，类地行星可能就吸积了大量的冰，也许还有一些氢气和氦气，类地行星的基本性质将会发生改变。在另一种极端情况下，如果气体被吹散的时间较早，那么，行星的原始物质可能在行星完全形成之前就已经被吹走了。虽然这些极端情况在太阳系中并未发生，但它们有时可能会发生在其他恒星的周围。

星云理论还可以解释太阳系为什么会出现小行星和彗星，以及不寻常的卫星。

对小行星和彗星的解释

行星的形成过程也解释了为什么会存在如此多的小行星和彗星：它们只是行星形成时期"残留的"星子。小行星是内太阳系残留的岩质星子，而彗星是外太阳系残留的冰质星子。

现今存在的小行星和彗星可能只是太阳系形成初期漫游的一小部分残留星子，其余的大部分残留星子一定是与行星或卫星发生了碰撞。在具有固体表面的星球上，我们看到了过去碰撞的证据，即陨击坑。对月球陨击坑的仔细研究表明，绝大多数碰撞发生在太阳系形成的最初几亿年里，我们称之为重轰击期。在重轰击期，太阳系的每个星球一定都受到了撞击（见图 3-10），而且月球和其他星球上的大多数陨击坑都是在这个时期形成的。

图 3-10 重轰击期的地球正遭受撞击

注：大约 40 亿年前，地球、月球和其他行星都受到了残留星子的猛烈撞击。

这些早期的碰撞，包括在行星形成之前发生的许多碰撞，可能对地球上人类的存在发挥了关键作用。构成类地行星的金属和岩质星子不会含有太多的水或其他氢化合物，因为太阳星云区域的温度太高，这些化合物无法凝结。那么，地球上是如何有了构成海洋的水和最初形成大气层的气体呢？可能的答案是，远离太阳形成的含水星子与地球和其他类地行星发生碰撞，把水和其他氢化合物带到了这些星球上。值得注意的是，我们饮用的水和呼吸的空气很可能曾经是火星轨道外吸积的星子的一部分。

对例外的解释

我们已经看到，星云理论可以解释太阳系的前 3 个主要特征。对于第 4 个特征，也就是规则的例外，星云理论认为，大多数例外情况是由碰撞或近距离的引力交会造成的。

我们先从轨道异常的卫星开始。我们已经解释了大多数类木行星的大型卫星的形成过程。但是，我们如何解释那些轨道异常的卫星呢？比如那些运行方向"错误"（与行星自转的方向相反）的卫星，或者那些公转轨道面与行星赤道平面有较大倾角的卫星。这些卫星可能是残留的星子，它们最初绕太阳运行，但后来被捕获进入行星轨道。

行星要捕获卫星并不容易，因为根据万有引力定律，小型天体在经过大型行星时，只会飞掠而过。天体只有在失去足够的轨道能量，进入圆形或椭圆形轨道时，才能被捕获。对于类木行星而言，只有在行星非常年轻，而且仍被相对稠密的气体云所包围时，这种捕获才有可能发生。星子经过时因与这种气体发生摩擦而减速，如果速度降至足够慢，它可能就会变成绕轨道运行的卫星。由于捕获过程具有随机性，被捕获的卫星不一定与其行星的运行方向相同，也不一定在其行星的赤道面。计算机模型表明，这种捕获过程可以解释大多数绕类木行星运行的轨道异常的小卫星。火星也可能以类似的方式捕获了两颗小卫星，即火卫一和火卫二，那时它的大气层比现在要厚得多（见图 3-11）。

然而，捕获过程无法解释月球的存在，因为月球太大了，不可能被像地球这样较小的行星捕获。我们也可以排除月球与地球同时形成的可能性，因

为如果两者是同时形成的，它们就会由相同类型的星子吸积而成，因此它们的
组成成分和密度应大致相同。但事实并非如此，月球的密度远低于地球，这表
明月球与地球的组成大不相同。那么月球是怎么产生的呢？目前，主流的观点
认为，月球是因地球和一个巨大的星子发生大碰撞而产生的。

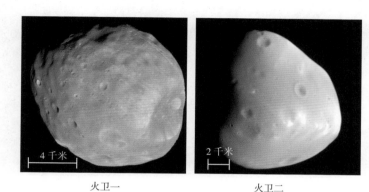

火卫一   火卫二

图 3-11 火卫一和火卫二

注：火星的两颗卫星可能是被捕获的小行星。火卫一的直径只有约 13 千米，
火卫二的直径只有约 8 千米，这两颗卫星都很小，一个典型的大城市的边
界就足以容纳它们。

资料来源：图片来自火星勘测轨道飞行器。

　　根据模型，太阳系中有些残留星子可能和火星一样大。如果这些火星大小
的天体中有一个撞击了年轻的行星，那么撞击可能会使行星的轴倾斜，使行星
的自转速度改变，或者会完全摧毁这颗行星。大碰撞假说认为，一个火星大小
的天体以一定的速度和角度撞击了地球，导致地球的外层喷射到太空中。根据
计算机模拟，这些物质可能聚集到地球周围的轨道上，这个碎片环内的物质通
过吸积，形成了月球（见图 3-12）。

　　月球组成成分的两个特征有力支持了大碰撞假说。首先，如果月球的成分
是由地球外层喷射出的物质组成的，那么，正如我们所料，月球的总体成分与
地球外层的成分非常相似。其次，月球上易蒸发成分（例如水）的比例比地球
小得多。这一事实支持大碰撞假说，因为碰撞产生的热量会使这些成分汽化。

作为气体，它们不会参与形成月球的吸积过程。大碰撞也可以解释其他例外情况。例如，水星的密度高得惊人，可能是因为一次大碰撞将其密度较低的外层炸飞了。

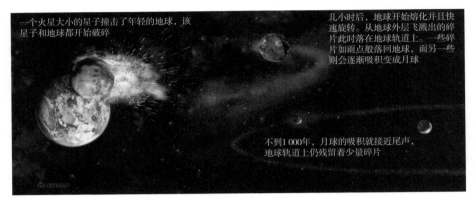

一个火星大小的星子撞击了年轻的地球，该星子和地球都开始破碎

几小时后，地球开始熔化并且快速旋转。从地球外层飞溅出的碎片此时落在地球轨道上。一些碎片如雨点般落回地球，而另一些则会逐渐吸积变成月球

不到1 000年，月球的吸积就接近尾声，地球轨道上仍残留着少量碎片

图 3-12　艺术家对月球形成的大碰撞假说的构想图

注：喷射出的物质主要来自地球外层的岩石层，这一事实解释了为什么月球上金属含量很少。这次碰撞一定发生在 44 亿年前，因为那是最古老的月球岩石的年龄。如图所示，月球形成时距快速旋转的地球很近，但数十亿年来，潮汐力减缓了地球自转的速度，并使月球轨道外移。

大碰撞也可能使行星（包括地球）的轴倾斜，比如使天王星向一侧倾斜，使金星缓慢反向自转。尽管我们无法回到过去，不能确切了解某个特定的异常是如何发生的，但我们的主要观点清晰明了：在行星形成的混乱过程中，必然会发生许多碰撞，它们将导致一些例外情况的发生。

通过以上内容，我们已发现，星云理论可以成功解释太阳系的所有主要特征。因此，虽然我们可能还不了解所有的细节，但科学家确信该理论抓住了实际发生过的事件的本质。图 3-13 总结了基于星云理论的太阳系形成过程。

巨大而分散的星际气体云（太阳星云）由于引力而收缩

太阳星云收缩：太阳星云收缩时，云团升温、变成扁平状，而且旋转速度加快，成为由尘埃和气体组成的旋转圆盘

太阳在中心诞生

行星在圆盘中形成

高温条件下只有金属或岩石"种子"在内太阳系凝结

固体颗粒凝结：氢和氦保持气态，但其他物质可以凝结成固体"种子"，从而形成行星

低温使外太阳系的"种子"含有丰富的冰

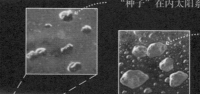

类地行星由金属和岩石构成

星子吸积：固体"种子"碰撞并粘在一起。较大的行星会以其引力吸引其他行星，并变得越来越大

类木行星的"种子"长得足够大，足以吸引氢气和氦气，使它们成为巨大的以气态为主的行星；卫星在环绕行星的尘埃和气体盘中形成

清理星云：太阳风将剩余气体吹入星际空间

类地行星留在内太阳系

类木行星留在外太阳系

形成过程中的"残留物"变成了小行星（由金属和岩石组成）与彗星（成分主要是冰）

图 3-13　基于星云理论概述太阳系的形成过程

注：此图未按实际比例绘制。

Q5　如何测量太阳系的年龄？

我们已经讨论过，太阳系形成于大约 45 亿年前。但是，既然太阳系诞生时人类还不存在，那么我们怎么可能知道它的年龄呢？实际上，科学家已经开发了相关技术，这些技术在许多情况下能够以惊人的准确度测定极其古老的物体的年龄。在技术的加持下，我们不仅可以通过计算树木的年轮来测量高达几千岁的树木的年龄，还可以深入格陵兰岛和南极洲的冰盖来研究地球几十万年间的气候，在那里我们可以看到每年形成的不同冰层。

放射性定年法就是最重要的测年技术之一，也是经过检验和验证的最佳技术之一。因此，我们对放射性定年法测定的年龄充满信心，其中包括它所测定的地球和太阳系的年龄。

接下来，我们一起详细了解放射性定年法，看看这种方法是如何研究数百万年或数十亿年前的事物，并确定岩石的年龄的。

测量岩石年龄最可靠的方法是放射性定年法，该方法是对岩石中各种原子的比例进行仔细测量。这种方法之所以有效，是因为有些原子会随时间发生变化，这样我们就能够确定它们在岩石的固体结构中存留了多长时间。

同位素与放射性衰变

每种化学元素都有其独有的特征，那就是原子核中的质子数。同一元素的不同同位素仅在中子数上有所不同。例如，原子核中有 6 个质子的原子都是碳原子，但碳原子有 3 种不同的同位素（见图 3-14）：碳 -12 除有 6 个质子外还有 6 个中子，碳 -13 有 7 个中子，碳 -14 有 8 个中子。

我们在日常生活中遇到的大多数原子和同位素都很稳定，这意味着它们的原子核始终保持不变。例如，我们体内的大部分碳都是碳 -12。碳 -12 很稳定，但有些同位素不稳定，它们的原子核很容易发生自发变化（衰变），比如分裂或一个质子变成了中子。这些不稳定的原子核具有放射性。碳-14就是一种放射性同位素，因为它会发生自发变化，变成氮-14。

碳-12

¹²C

（6质子+6中子）

碳-13

¹³C

（6质子+7中子）

碳-14

¹⁴C

（6质子+8中子）

图 3-14 碳的同位素

注：一种化学元素的不同同位素含有相同数量的质子，但含有不同数量的中子。

第一种元素的放射性同位素都以相同的速率发生放射性衰变，科学家可以在实验室中测定这些衰变率。我们通常用元素的半衰期来描述其衰变率，半衰期指元素的一半原子核衰变所需的时间。值得注意的是，即使半衰期是数十亿年，我们也只需在实验室测量几个月到几年的时间就可以确定衰变率和半衰期。碳-14的半衰期约为5 700年，这对考古学家确定古人类定居的年代很有帮助，但对于测定数百万年或数十亿年的岩石的年代来说，这个时间太短了。然而，许多同位素的半衰期要长得多。

放射性定年法

为了解岩石年代测定法的原理，我们以放射性同位素钾-40为例。放射性同位素钾-40会衰变为氩-40，半衰期为12.5亿年。（钾-40也通过其他途径衰变，但为了讨论方便，我们只关注其衰变为氩-40的过程。）想象一下，一小块岩石在很久以前形成（固化）时，只含1微克钾-40而不含氩-40。12.5亿年的半衰期意味着当岩石的年龄达到12.5亿年时，最初的钾-40中有一半已衰变为氩-40，因此，到那时，岩石中含有0.5微克的钾-40和0.5微克的氩-40。在接下来的12.5亿年里，剩下的钾-40中又有一半会衰变，因此，25亿年后，岩石中会含有0.25微克的钾-40和0.75微克的氩-40。经过3个半衰期，即37.5亿年后，岩石中只剩0.125微克的钾-40，而0.875微克的钾-40则变成了氩-40。

图 3-15 概述了钾 -40 的含量逐渐减少而氩 -40 的含量相应增加的过程。

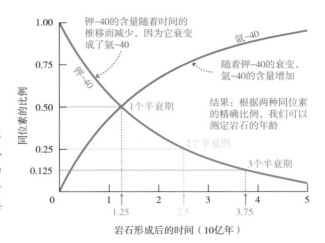

图 3-15　放射性定年法

注：钾 -40 具有放射性，会衰变为氩 -40，其半衰期为 12.5 亿年。红色曲线表示钾 -40 含量的减少，蓝色曲线表示氩 -40 含量的增加。钾 -40 剩余的含量在每一个连续的半衰期内减少一半。

现在你可以理解放射性定年法的本质了。假设你发现了一块含有等量的钾 -40 原子和氩 -40 原子的岩石。如果你假设所有的氩都来自钾衰变（确保没有任何迹象表明岩石曾经被加热，因为加热可能会使氩逸出），那么这块岩石一定正好经过了一个半衰期才能最终获得等量的两种同位素。由此你可以得出结论，这块岩石已有 12.5 亿年的历史了。那么唯一的问题是，你假设这块岩石在形成时没有氩 -40，你的假设是否正确呢？在这种情况下，了解一点"岩石化学"知识会有所帮助。钾 -40 是岩石中许多矿物质的天然成分，但氩 -40 是一种气体，它不会与其他元素结合，也不会在太阳星云中凝结。如果你在矿物中发现了氩 -40 气体，那它一定是钾 -40 的放射性衰变产物。

放射性定年法也可使用许多其他放射性同位素。在许多情况下，一块岩石含有一种以上的放射性同位素，根据不同同位素计算出的岩石年龄相一致，这使我们确信，我们对岩石年代的测定是正确的。我们还可以将放射性定年法测定的结果与用其他方法测量或估计的年龄进行比较。例如，有些考古文物上印着原始年代，这些年代与放射性定年法测定的年龄相吻合。我们可以通过对太阳进行详细研究，验证整个太阳系 45 亿年的放射性年龄是否正确。太阳的理论模型以及对其他恒星的观测表明,恒星会随着年龄的增长而慢慢膨胀和变亮。模型预测的年龄不像放射性定年法测定的年龄那样精确,但它们证实了太阳的年龄大约在 40 亿~ 50 亿年。总的来说,放射性定年技术已经通过了多方面的核验,它基于基本的科学原理,因此人们并没有对其有效性进行严肃的科学争论。

地球岩石、月球岩石以及陨石的年龄

通过放射性定年法,我们能够确定岩石中的原子以目前的排列方式结合在一起后所经历的时长。在大多数情况下,这指的是自岩石上次凝固以来的时间。因此,岩石的年龄差异很大。有些地球岩石是最近由熔岩形成的,非常年轻,而有些是在地球历史的不同时期熔化,然后重新凝固的,因此它们的年龄各不相同。地球上最古老的岩石有 40 多亿年的历史,有些小的矿物颗粒可追溯到约 44 亿年前。那么,整个地球一定比这些最古老的岩石和矿物还要古老。

"阿波罗号"宇航员从月球上带回的月球岩石可以追溯到 44 亿年前。尽管它们比地球上的岩石更古老,但这些月球岩石一定比月球自身年轻。由这些岩石的年龄可知,产生了月球的大碰撞一定发生在 44 亿年前。

要追溯太阳系的起源,我们必须找到在太阳星云中首次凝结后就没有熔化或升华的岩石。坠落到地球上的陨石就属于这类岩石。许多陨石在早期太阳系中凝结和吸积后似乎一直没有发生变化。对陨石中放射性同位素的详细分析显示,最古老的陨石形成于大约 45.6 亿年前,因此这个时间一定是太阳星云开始吸积的时间。因为行星是在几千万年内吸积而成的,所以地球和其他行星一定是在大约 45 亿年前形成的。

要点回顾

The Cosmic Perspective Fundamentals >>>

- 太阳系由太阳、行星及其卫星，以及大量的小行星和彗星组成。与它们之间的距离相比，这些行星很小。每个星球都有自己独有的特点，但星球之间的许多模式都清晰明了。

- 太阳系有 4 个主要特征：(1) 通常，太阳、行星和大型卫星有序地进行自转和公转。(2) 行星显然可以分为两类：类地行星和类木行星。(3) 太阳系中有大量的小行星和彗星。(4) 除了这些一般规律，也有一些值得注意的例外情况。

- 星云理论认为，太阳系是因巨大的气体云和尘埃的引力坍缩而形成的。随着太阳星云体积缩小，其温度越来越高，旋转速度越来越大，变得越来越扁平。我们如今观察到的有序运动就是这个旋转圆盘的有序运动。

- 行星是在固体物质的"种子"周围形成的，这些物质由气体凝结而成，然后通过吸积成长为较大的星子。类地行星形成于内太阳系，那里的高温只能使金属和岩石凝结。

- 放射性定年法使我们能够通过仔细测量放射性同位素的比例以及该同位素的衰变产物，确定岩石的年龄。我们通过测量最古老的陨石的年龄来确定地球和太阳系的年龄，这些陨石的年龄约为 45.6 亿年。

04

类地行星为何同源不同命

妙趣横生的宇宙学课堂

· 为什么地球能成为生命的绿洲？

· 地球失去大气层会怎么样？

· 如果把地球挪到金星的轨道上，会发生什么？

· 生命如何来自于生命本身？

· 为什么极端天气越来越多？

The Cosmic Perspective Fundamentals >>>

　　"好奇号"（Curiosity）火星探测器曾向地球发回过若干火星表面的照片，章首页的图是其中很著名的一张。通过这张照片我们可以看出，火星表面看起来几乎和地球一样。但实际上，火星的空气非常稀薄，缺乏氧气。如果不穿加压宇航服，人在火星上只能存活几分钟。此外，火星表面没有液态水，气温通常也远低于冰点，由于没有臭氧层，人将完全暴露在太阳危险的紫外线之下。而金星则正好相反，厚厚的大气层使得金星表面气温比烤箱的温度还要高。

　　为什么地球非常适合生命生存，而相邻的行星却如此不同呢？本章内容，将带你探索类地行星的本质，了解地球适合各种生命生存的特征。

Q1　为什么地球能成为生命的绿洲？

　　上一章我们简单介绍了4颗类地行星（水星、金星、地球和火星）。因为月球的直径几乎是水星直径的3/4，所以我们这里认为它是第五颗类地行星。虽然这5颗类地行星都是由岩质星子吸积形成的，但它们的地质结构完全不一样。这其中，只有地球孕育了生命。接下来，我们将继续了解类地行星的地质活动过程，一起探索类地行星的地质活动水平是由什么决定的，以及"为什么只有地球成为了生命的绿洲"。

快速比较一下类地行星，我们就可以发现，行星的地质活动，即行星表面持续变化的程度，主要取决于行星体积的大小。地球是类地行星中最大且地质活动最活跃的行星，由于火山喷发、地震、其他地壳运动以及侵蚀作用，地球表面不断发生变化。第二大类地行星为金星，金星可能也很活跃，但它的大气层很厚，我们只能借助雷达才能"看到"其表面，因而我们对它的地质活动知之甚少。中等大小的火星过去似乎地质活动频繁，但如今远没有之前那么活跃了。水星和月球是两颗较小的类地行星，它们如今的表面变化非常小，我们普遍认为它们无任何地质活动。

大小、内部热量和内部结构

类地行星的体积很关键，因为大多数地质活动是由其内部热量驱动的。例如，当其内部热量使岩石熔化，并释放出气体使熔岩向上喷发时，火山就会爆发。在热量驱动下，内部运动导致岩石滑动或移动时，就会发生地震。所有的类地行星在年轻的时候热量都很高，因为星子的吸积将引力势能转化为热能。类地行星内部放射性物质的衰变还会产生额外的热量，而且如今仍在产生热量。

自年轻时起，类地行星的热量就在逐渐流失，热量从其表面逃逸到太空中。就像热豌豆比热土豆凉得快一样，小行星比大行星温度下降得快。水星和月球冷却得非常快，因此它们可能在还不到 20 亿岁时，就没有足够的热量引发火山喷发了。火星仍然保留着足够的内部热量来推动一些地质活动，但它的地质活动比之前少了很多。金星和地球的冷却速度非常缓慢，因此放射性衰变仍使它们保持着内部的热量，这就是金星和地球仍有强烈地质活动的原因。

内部热量也决定了类地行星内部的样子。所有的类地行星在年轻的时候内部热量都足够高，足以使其内部呈熔融状，这样物质在称为"分化"的过程中按密度分离。这一过程之所以称为分化，是因为这个过程产生了不同物质构成的圈层。分化使每颗行星内部形成了 3 个主要圈层：

· 核心：高密度的金属物质，主要是镍、铁等金属，沉降到中央核心。

· 地幔：中密度的岩质物质，主要是含有硅、氧和其他元素的矿物，形成了环绕核心的厚厚的地幔圈层。

· 地壳：低密度的岩石，如花岗岩和玄武岩，在行星的表面形成了薄地壳层。

图 4-1 展示了 5 颗类地行星的圈层，这些圈层是结合了关于地球地震的研究和对其他行星的建模而确定的。需要注意的是，每颗行星都有一个从表面向内延伸的区域，称为"岩石圈"，而且较小行星的岩石圈较厚。岩石圈包括行星的地壳和部分地幔，岩石圈内的岩石温度相对较低，且较坚硬。岩石圈之下温度较高，岩石变得柔软，并在数百万年甚至数十亿年的时间里缓慢流动。岩石圈内的坚硬岩石实质上"漂浮"在下面温度较高且较柔软的岩石上。

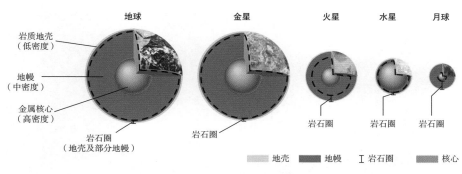

图 4-1　5 颗类地行星的圈层

注：根据行星的比例和大小，以递减顺序排列的类地行星的内部结构。为了在图中显示地球和金星的地壳和岩石圈，将它们的厚度放大了。

内部热量使岩石熔化或移动，使行星表面发生变化，从而推动地质活动。如果类地行星深层的温度足够高，高温岩石会在地幔内逐渐上升，而地幔顶部温度较低的岩石会逐渐下降（见图 4-2）。热的物质膨胀上升，冷的物质收缩下降，这一过程称为对流。需要牢记的是，地幔对流主要涉及固体岩石，而非熔融岩石。由于固体岩石流动非常缓慢，所以地幔对流的过程也非常缓慢。地球上地幔对流的速度一般为每年几厘米，按照这个对流速度，一块岩石需要 1 亿年的时间才能从地幔底部被运送到顶部。

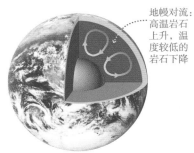

地幔对流：高温岩石上升，温度较低的岩石下降

图 4-2　地幔对流

注：地球炽热的内部促使地幔进行对流。箭头表示地幔部分的流动方向。

内部热量还有另外一个重要作用，即有助于产生星体磁场，因为行星核心部分的对流可以产生电流。在类地行星中，只有地球拥有强大的磁场，磁场有助于保护地球免受来自太阳的带电粒子的影响，因此磁场对生命来说非常重要。来自太阳的带电粒子会带走大气中的气体，并对生物造成伤害，但地球的磁场能使大多数带电粒子发生偏转（见图 4-3）。

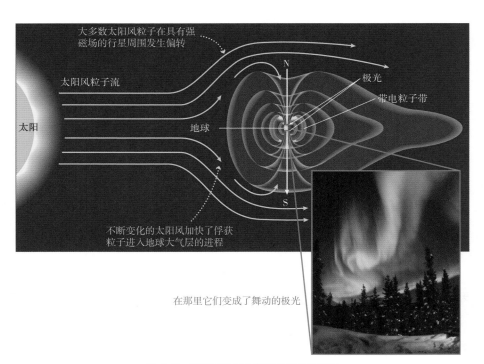

大多数太阳风粒子在具有强磁场的行星周围发生偏转

太阳风粒子流

N

极光

带电粒子带

太阳

地球

S

不断变化的太阳风加快了俘获粒子进入地球大气层的进程

在那里它们变成了舞动的极光

图 4-3　地球磁场使太阳风粒子发生偏转

注：此图未按实际比例绘制。有些太阳风粒子聚集在环绕地球的带电粒子带中，带电粒子会在极地盘旋并进入地球大气层，使高层空气分子或原子激发或电离从而形成极光。

4 种地质过程

现在你已经了解内部热量是如何驱动地质活动的,那么接下来我们将探讨行星表面形成的具体过程。类地行星表面呈现出各种各样的地质特征,但几乎所有这些特征都可以用 4 种主要的地质过程来解释:

· 陨击成坑:小行星或彗星撞击行星表面,形成碗状陨击坑的过程。
· 火山活动:熔融岩石或熔岩从行星内部喷发到表面的过程。
· 构造运动:内部应力对行星表面造成破坏的过程。
· 侵蚀作用:风、水、冰和其他的行星天气现象使地质特征磨损或形成的过程。

第一种地质过程是陨击成坑。陨击成坑是唯一一个受外部因素影响的过程,它来自太空物体的碰撞。这些物体通常以 40 000 ~ 250 000 千米 / 时的速度撞击行星表面,撞击过程形成的高温足以使坚硬的岩石蒸发,同时在行星表面撞击出一个大坑(见图 4-4)。我们在上一章中已讨论过,在重轰击期,所有的类地行星一定都受到了碰撞,而在此之后发生的碰撞相对较少。那么,为什么像月球和水星这样较小的行星如今有这么多的陨击坑,而像金星和地球这样较大的行星却只有很少的陨击坑呢?答案就是火山喷发和侵蚀作用等地质活动逐渐消除了较大行星上的陨击坑。因此,我们可以通过陨击坑的数量估计行星表面的年龄,陨击坑越多说明行星表面的年龄越大。例如,月球表面有大量的陨击坑区域,说明自大约 40 亿年前大碰撞结束以来,月球表面几乎没有发生什么变化;具有中等数量陨击坑区域的火星表面的年龄为 20 亿~ 30 亿年;而地球表面年轻的陨击坑区域表明,在过去的几百万年里,地球表面发生的碰撞相对较少。

第二种地质过程是火山活动。当地下熔岩穿过岩石圈到达地表时,就会产生火山活动(见图 4-5),因此火山活动需要大量内部热量。如果熔岩很厚,火山喷发就会形成高大而陡峭的火山;如果熔岩是流动的,就会形成平坦的熔岩平原。此外,火山喷发会将行星形成时积存在地表以下的气体释放出来,这个过程被称为"排气"，这一过程还被认为是金星、地球和火星大气层形成的原因。对地球上喷发的火山所进行的测量表明，排气释放的最常见气体是水蒸气、二氧化碳（CO_2）、氮气（N_2）和含硫气体（H_2S 或 SO_2）。因为金星、地球和火星的组成成分相似，所以这 3 颗行星释放的这些气体的比例可能也类似。我们将在下文讨论，如今这 3 颗行星的大气层之所以不同，是因为各种气体以不同的方式被表面吸收或逃逸到太空。水星和月球上也出现过排气，但由于它们的引力太弱，无法把气体留住，所以它们没有明显的大气层。

图 4-4　陨击坑

注：亚利桑那州陨击坑的直径大于 1 000 米，深近 200 米，它是在大约 5 万年前由一颗直径约 50 米的金属小行星撞击形成的。

地幔上层的熔岩

图 4-5　火山活动

注：这张照片展示的是夏威夷州基拉韦火山侧面的一座活火山喷发的情况。示意图展示了火山喷发的基本过程：熔岩在岩浆库中聚集，然后向上喷发。

　　第三种地质过程是构造运动。当拉伸、挤压或其他力作用在岩石圈上，使行星表面发生变化时，就会发生构造运动。图 4-6 展示了地球上构造运动的两个例子，一个是由地表挤压形成的喜马拉雅山，另一个是由地表拉伸形成的红海。构造运动通常与火山活动密切相关，由于两者都需要内部热量，因此构造运动如今只发生在较大的类地行星中。行星上的大部分构造运动都是地幔对流的直接或间接结果。构造运动在地球上尤为重要，因为地幔对流将地球的岩石圈断裂成十几个碎片或板块。这些板块上下来回移动，彼此相互覆盖、相互挤压，形成了一种特殊的构造，我们称之为"板块构造"。虽然每一颗类地行星都会受到构造运动的影响，但板块构造似乎是地球所独有的。

内应力使地壳相互挤压，形成像喜马拉雅山这样的山脉

内应力也会使地壳撕裂，产生裂缝和海洋

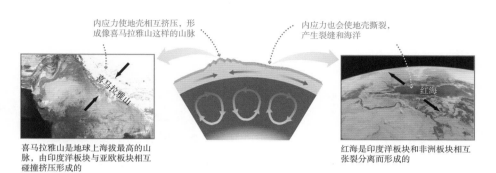

喜马拉雅山是地球上海拔最高的山脉，由印度洋板块与亚欧板块相互碰撞挤压形成的

红海是印度洋板块和非洲板块相互张裂分离而形成的

图 4-6 构造运动

注：构造作用力可以形成各种各样的特征，最常见的特征是由地表挤压形成的山脉和由地表拉伸形成的山谷或海洋。这两张照片均由卫星拍摄。

最后一种地质过程是侵蚀作用。侵蚀作用是指由于冰、液体或气体的作用，物质分解或移动。冰川（冰）塑造出了山谷，河流（液体）冲刷出了峡谷，风（气体）使沙丘移动，这些都是侵蚀作用的例子。相对于其他类地行星，侵蚀作用在地球上发挥着更为重要的作用，这主要是因为地球既有强风，也有大量的液态水。事实上，地球表面的大部分岩石都是由侵蚀作用形成的。经过长时间的侵蚀，沉积物在海底堆积成层，形成沉积岩（见图 4-7）。只有在有大气层的行星上

图 4-7 侵蚀作用

注：大峡谷的岩壁由沉积岩层组成，这些沉积岩层是经过数亿年的侵蚀而形成的。它们之所以暴露出来，是因为科罗拉多河过去几百万年的冲刷形成了深邃的峡谷。

才会出现侵蚀现象，所以侵蚀作用不会影响水星或月球。我们发现了火星上曾发生过水蚀的证据，但如今的火星上只有为数不多的风蚀现象。金星的大气层很厚，但由于缺乏液态水和风，侵蚀现象相对较少。

Q2　地球失去大气层会怎么样？

大气层对生命的诞生和存续有着重要的作用。金星、地球和火星都有大气层，大气层对其表面产生了极大的影响。地球的大气层为人类提供了呼吸的空气，其压力和温度使液态水可以在地球表面降落和流动。如果没有大气层，危险的太阳辐射会使地球表面的生命不复存在，而且地球表面会非常寒冷，大部分水将会永久冻结。

值得注意的是，尽管地球的大气层非常稀薄，但它却具有上述的所有作用。地球大气层中大约 2/3 的空气位于地表 10 千米以内，你可以在标准的地球仪上用只有一张纸厚度的一层东西来表示这层空气。我们先来看看光和大气层之间的相互作用是如何保护地球，并使地球表面保持温暖的，随后我们将了解大气层是如何影响其他类地行星的。

表面保护

太阳发出可见光，使我们得以看得见，但它也发出危险的紫外线和 X 射线辐射。在太空中，宇航员需要穿着厚厚的宇航服来保护自己免受这种辐射的危害，而在地球上，大气层保护着我们（见图 4-8）。

X 射线携带的能量足以使几乎任何原子或分子电离，或使电子从几乎任何原子或分子中脱离出来，这就是它们会损伤生物组织的原因。幸运的是，X 射线很容易被地球大气层中的原子和分子吸收，因此 X 射线不会到达地面；而紫外线就不那么容易被吸收了，它可以穿透大多数气体，可以不受阻碍地通过大气层。我们能免受紫外线的伤害，要归功于一种相对罕见的气体——臭氧（O_3）。臭氧主要位于地球大气层的中间层，即平流层，太阳发出的大部分危险的紫外线辐射都被臭氧吸收了。

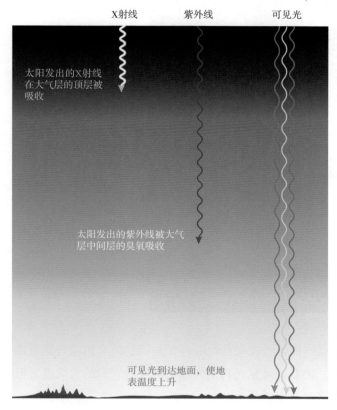

X射线　　　紫外线　　　　可见光

太阳发出的X射线在大气层的顶层被吸收

太阳发出的紫外线被大气层中间层的臭氧吸收

可见光到达地面，使地表温度上升

图 4-8　大气层的保护作用

注：这张图概述了太阳发出的不同形式的光是如何受地球大气层影响的。

太阳发出的可见光可以很容易地穿过地球的大气层，从而为地球表面提供光和热。然而，并非所有的可见光光子都能直接穿过地球大气层，有些光子随机散落在天空中，这就是白天的天空看起来很明亮的原因。如果可见光没有被大气层散射，太阳就只是一个非常明亮的圆盘，映衬着布满星星的黑色天幕。散射也解释了为什么白天的天空是蓝色的（见图 4-9）。阳光包含着彩虹的所有颜色，但这些颜色并不是被均匀散射的。相对于红光，气体分子能更有效地散射蓝光，当太阳位于我们头顶时，这些散射的蓝光从四面八方到达我们的眼睛，天空就呈现出蓝色；在日落或日出时，阳光必须穿过更厚的大气层才能到达地球，由于大部分蓝光都被散射掉了，因此只留下红色的光映照着天空。

图 4-9　大气层对可见光的散射

注：这张图概述了白天的天空是蓝色的，而日落和日出的天空是红色的原因。

金星和火星的大气层同样会吸收来自太阳的 X 射线，但它们没有臭氧或其他气体来吸收紫外线。因此，可见光和紫外线都能穿透它们的大气层，但是金星的云层很厚，在这些光到达地面以前，它就把大部分光散射掉了。

温室效应

可见光使地球表面升温，但升温的幅度并没有我们想象的那么大。根据日地距离以及可见光被吸收和反射的百分比所进行的计算表明，可见光自身只能使地球表面平均温度上升到 -16℃，这个温度远低于水的冰点。地球的实际平均温度约为 15℃，这个温度足以使液态水流动，使生命不断繁衍。那么，为什么地球的温度远高于可见光本身引起的升温呢？答案就是大气层通过温室效应捕获了额外的热量。

图 4-10 表明了温室效应的基本原理。到达地面的可见光，有些被反射，有些被吸收。被吸收的能量必须返回太空，否则地面会迅速升温，但行星表面的温度太低，无法发出可见光。相反，行星主要以红外光的形式释放出能量。

◦ 趣味问答 ◦

天空为什么是蓝色的？

如果你问问周围的人，你会发现很多人对于天空为什么是蓝色这一问题不能理解。有些人认为，天空之所以是蓝色的，是因为海洋反射的光，但这不能解释内陆地区的蓝色天空。还有人声称"空气就是蓝色的"，这种模糊的说法显然是错误的：如果空气分子发出蓝光，那么即使在黑暗中空气也会发出蓝光；如果空气是蓝色的，是因为它们反射蓝光、吸收红光，那么在日落时红光就无法到达地球。如图 4-9 所示，天空是蓝色的真正原因是光的散射，这种散射也可以解释为什么日落时天空是红色的。

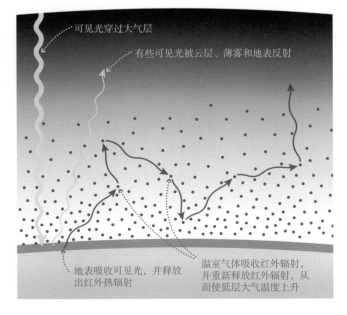

可见光穿过大气层

有些可见光被云层、薄雾和地表反射

地表吸收可见光，并释放出红外热辐射

温室气体吸收红外辐射，并重新释放红外辐射，从而使低层大气温度上升

图 4-10　温室效应

注：如果没有水蒸气、二氧化碳和甲烷等温室气体，地表附近大气的温度会更低。

当大气中含有吸收红外光的气体时，就会产生温室效应，这些气体被称为温室气体，温室气体包括水蒸气、二氧化碳和甲烷。温室气体之所以能有效吸收红外光，是因为在受到红外光子撞击时，它们的分子结构使它们开始旋转或振动，吸收了光子之后，温室气体分子会向某个随机方向重新发出一个类似的光子，这个光子会被另一个温室气体分子吸收，而这个温室气体分子也会做出同样的反应。

最终的结果是，温室气体往往使红外辐射从低空大气逃逸的速度减缓，而它们的分子运动则会使周围空气的温度上升。通过这种方式，温室效应使地表和低空大气的温度高于只有阳光单独照射时的温度。温室气体越多，地表温度就会越高。

金星和火星的大气层主要由二氧化碳构成，因此温室效应也会使金星和火星的温度上升。金星的大气层较厚，会产生一种极端的温室效应，使其表面温度从远低于冰点上升到惊人的 470℃。相比之下，火星的大气层稀薄，产生的温室效应很微弱，使火星表面的平均温度远低于冰点。

Q3　如果把地球挪到金星的轨道上，会发生什么？

金星的半径只比地球的半径小 5% 左右，其整体组成、地质情况也与地球大致相同。图 4-11 显示的是金星的表面区域，这是探测器的雷达透过云层观测到的。就像在地球上一样，我们在金星上看到了火山、构造特征和零星的陨击坑。金星和地球相似度很高，那么为什么它和地球的命运如此不同呢？

研究发现，类地行星之间的大多数差异都可以归结为它们的体积不同或它们与太阳之间的距离不同。如果把地球挪到金星的轨道上，那么地球大概率也会变成金星。接下来，就让我们详细了解一下"轨道的不同如何给行星带来天壤之别的命运"。

金星：失控温室效应

我们认为金星和地球在地质上是相似的，而且在许多其他方面也是如此。例如，图 4-11 显示的是金星的表面区域，这是探测器的雷达透过云层观测到的。就像在地球上一样，我们在金星上看到了火山、构造特征和零星的陨击坑。然而，金星缺少地球上两个主要的地质特征。

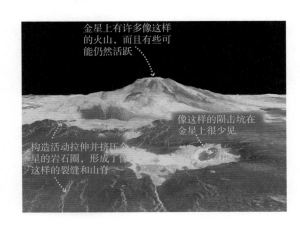

金星上有许多像这样的火山，而且有些可能仍然活跃

像这样的陨击坑在金星上很少见

构造活动拉伸并挤压金星的岩石圈，形成了像这样的裂缝和山脊

图 4-11 金星的地质特征

注：这张计算机生成的图展示的是金星上典型的火山和构造特征，同时展示了一个罕见的陨击坑。该图是基于"麦哲伦号"（Magellan）金星探测器的雷达数据绘制的，绘制时将垂直结构放大了 10 倍，以便揭示其特征。明亮的区域代表崎岖的地形。

首先，我们之前已讨论过，因为金星上没有液态水，而且表面风速缓慢，因此金星几乎没有侵蚀作用，金星表面风速缓慢是金星自转极其缓慢的结果，金星自转一周需要 243 个地球日。其次，我们在金星上没有发现类似地球板块构造的证据，这表明金星的岩石圈比地球的岩石圈更厚、更坚固。

最令人惊讶的是金星和地球的大气及表面条件之间存在的差异（见图 4-12）。鉴于金星和地球的大小和组成相似，金星上的火山也应该释放出大量的水和二氧化碳。但如今，金星厚厚的大气层中二氧化碳的含量是地球大气层中二氧化碳含量的近 20 万倍，这就使金星产生了极端的温室效应。地球上的水形成了海洋，而金星上却没有水。由此，如果行星确实有类似的排气，那么地球会以某种方式失去二氧化碳，而金星会失去水。

为什么地球会"失去"二氧化碳，这一点我们很容易解释。地球上的温度适中，使得释放出来的水蒸气凝结成雨，最终形成了海洋。二氧化碳溶解于水，然后通过化学反应生成了碳酸盐岩（富含碳和氧的岩石，如石灰岩），这样大气层中的二氧化碳就减少了。地球锁在岩石中的二氧化碳大约是其大气层中二氧化碳的 17 万倍，这意味着地球的二氧化碳总量几乎与金星一样多。当然，地球上的二氧化碳主要存在于岩石中，这一点使地球变得完全不同。如果二氧化碳存在于大气层中，地球就会像金星一样热，人类将无法居住。

剩下的问题就是金星上的水发生了什么。如今，金星上基本没有水，无论是金星的表面（因为温度太高不可能存在液态水），还是金星的大气层中都没有水。金星上没有水，这可以用来解释为什么金星的大气层中会有那么多的二氧化碳：没有海洋，二氧化碳就无法溶解，也无法被锁在碳酸盐岩中。假设金星确实在排气中释放了大量的水，这些水不知怎么就消失了。关于这些水消失的主流假设是，就像在火星上一样，太阳发出的紫外线分解了水分子，金星释放的氢原子逃逸到了太空中，这个过程持续了数十亿年。只要这些水以气态形式存在于大气层中，而不是存在于液态海洋中，我们就可以很容易地解释为什么金星失去了可以形成海洋的水。

（a）

（b）

图 4-12　金星的大气层和表面

注：图（a），展示了日本航天局"赤月号"（Akatsuki）探测器在紫外线波段上看到的金星。在大多数波长下，金星的表面被云层完全遮挡，因此无法被观测到。图（b），出自苏联的"金星号"（Venera）着陆器，它展示了金星的表面；照片的前景是着陆器的一部分，背景为天空。着陆器只工作了很短的一段时间，就被金星表面 470℃的高温和厚厚的二氧化碳大气层产生的巨大压力毁掉了。

为什么金星没有像地球那样形成海洋？要回答这个问题，我们先想一想，如果我们能施魔法把地球移到金星的轨道上，那会发生什么呢（见图4-13）。更强烈的阳光几乎会立即将地球的平均温度上升约30℃，即从目前的15℃上升至45℃。虽然这个温度仍远低于水的沸点，但温度升高，会导致海洋中水分蒸发量增加，也会使大气在水蒸气凝结成雨之前保留更多的水蒸气。因为水蒸气也是一种温室气体，增加的水蒸气会加强温室效应，使温度不断升高。反过来，温度不断升高，会使海洋蒸发量不断增加，大气中的水蒸气也不断增加，这样又进一步加强了温室效应。换句话说，我们会面临一个正向反馈循环，在这个循环中，大气中每增加一点水蒸气，都会使温度升高，使水蒸气进一步增加。随着温室效应失控，这个过程会迅速失控，导致地球上的海水彻底蒸发。

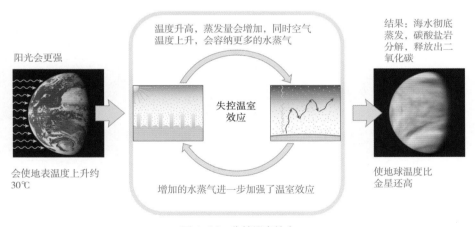

图 4-13　失控温室效应

注：这张图显示，如果地球和太阳的距离与金星和太阳的距离相同，失控的温室效应会导致海水彻底蒸发。

失控的温室效应会导致地球升温，直到海水彻底蒸发，碳酸盐岩中所有的二氧化碳将释放回大气中。当这一过程结束时，由于大气中二氧化碳和水蒸气的综合温室效应，处于金星轨道上的地球的温度甚至会高于如今金星的温度。水蒸气也会逐渐消失，因为紫外线将水分子分解，氢逃逸到太空中。简而言之，如果把地球移到金星的轨道上，基本上会把地球变成另一个金星。

关于金星为什么比地球热很多，我们已经有了一个简单的解释。虽然金星与太阳的距离仅比地球近30%，但这一差异足以产生严重影响。在地球上，温度足够低，足以使水形成降雨，进而形成海洋。然后，海洋使二氧化碳溶解其中，并通过化学反应将其锁在碳酸盐岩中，只留下足够的温室气体使地球温暖宜人。而在金星上，更强烈的阳光使其温度很高，海洋要么从未形成，要么很快蒸发，给金星留下充满温室气体的厚厚的大气层。

相比距日距离对行星命运造成的影响，类地行星的体积对地质过程影响更大，接下来我们来探讨两个最小的行星。

月球与水星：不再活跃

如今，月球没有明显的地质活动，因此，月球表面的大部分区域仍有许多陨击坑，这些陨击坑是近 40 亿年前重轰击时期结束时留下的。然而，月球表面的部分区域并没有那么多陨击坑，这表明在重轰击结束后，月球经历了一些地质活动。用肉眼就可以看到这些较平滑的、陨击坑较少的区域（见图 4-14）。这些区域被称为月海，之所以得此名，是因为从远处看它们很像海洋。

科学家把水星模型和月球岩石的相关研究结合起来，将月海的起源追溯至

・趣味问答・

温室效应是坏事吗？

温室效应经常出现在新闻中，而且通常出现在有关环境问题的讨论中，但温室效应并不是一件坏事。事实上，没有它我们就无法生存，温室效应使地球足够温暖，液态水得以在海洋和地表流动。那么，为什么现在会把温室效应作为一个环境问题来讨论呢？原因是人类活动向大气中排放了额外的温室气体，科学家一致认为，这些额外的气体正在使地球气候变暖。虽然温室效应使地球适宜居住，但它也是造成金星470℃高温的根源，这说明物极必反。

重轰击结束数亿年后。当时月球大约有 10 亿年的历史，而且放射性元素的衰变已积聚了足够的内部热量，足以熔化月球的大部分地幔。熔岩从重轰击期间最猛烈碰撞造成的地表裂缝中涌出，岩浆淹没了碰撞形成的巨大陨击坑。如今月海中相对较少的陨击坑是由月海形成后发生的碰撞造成的，当时放射性衰变产生的热量不足以产生熔岩流。

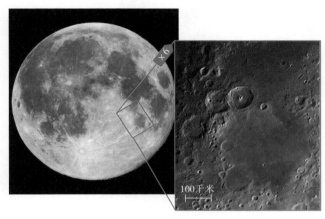

图 4-14 满月呈现出无数平滑黑暗的月海

水星比月球大不了多少，因此也遭遇了大致相同的命运。事实上，水星看起来与月球非常相像，因此你很难从行星表面的照片分辨出所看到的是哪颗行星（见图 4-15）。水星上的陨击坑几乎随处可见，但是并不像在月球上最古老的区域中那么密集。这一事实以及陨击坑内和陨击坑间的平滑区域表明，熔融的岩浆覆盖了重轰击期间形成的一些陨击坑。与在月球上一样，这些岩浆流可能是在放射性衰变产生的热量积聚到足以熔化部分地幔时产生的。

水星与月球的不同之处在于，水星上有绵延数百千米的巨大峭壁，其垂直面的高度有时超过 3 千米。这些峭壁可能是早期的板块构造作用力挤压地壳，致使地表褶皱而形成的。科学家认为，这些作用力是因为整颗行星收缩而产生的，但是什么促使整颗行星收缩的呢？答案可能在于水星巨大的金属核心（见图 4-1）。与岩石相比，金属更易随温度变化而膨胀和收缩。水星模型表明，随着这个巨大的内核冷却，它的半径会收缩多达 20 千米，随后水星的地幔和岩石圈也随着内核一起收缩，产生构造应力，从而形成巨大的峭壁。

水星收缩形成的峭壁

图 4-15　水星表面

注：水星表面有许多陨击坑，还有平滑的熔岩平原。明亮的条纹是由大型陨击坑喷出的物质造成的。水星也有许多巨大的峭壁（插图所示），这些峭壁被认为是在整颗行星冷却收缩时形成的。

资料来源：照片由"信使号"（MESSENGER）水星探测器拍摄。

火星：曾经温暖而湿润？

火星的直径大约是地球直径的一半，这意味着它比水星和月球大很多。因此，我们预计，它的地质活动要比两个较小的类地行星多很多，火星的表面证实了这一点。火星上有几座高耸的火山，其中包括奥林波斯山，其高度是地球上珠穆朗玛峰的 3 倍，其底部面积相当于亚利桑那州的面积（见图 4-16）。有迹象表明火星曾有过构造运动，例如被称为水手号峡谷的著名峡谷体系，其长度相当于美国的宽度，深度几乎是地球上科罗拉多大峡谷的 4 倍（见图 4-17）。然而，火星上最有趣的表面特征是由侵蚀作用产生的，这表明火星曾经比较温暖和潮湿，这样的条件可能有利于生命生存。

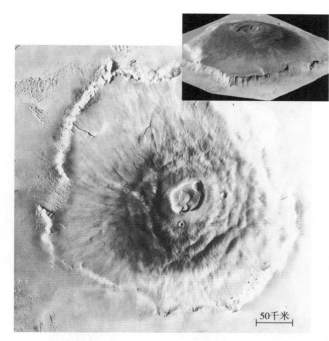

图 4-16 火星第一高峰——
奥林波斯山

注：该照片由绕火星运行的
探测器拍摄。请注意，其边
缘高耸的峭壁和熔岩喷发的
中央火山口。插图展示的是
这座巨型火山的三维透视图。

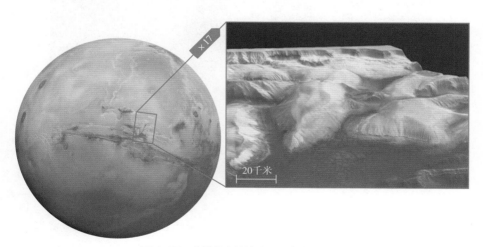

图 4-17 火星最大的峡谷——水手号峡谷

注：水手号峡谷是一个巨大的峡谷体系，该峡谷部分是由构造应力造成的，它看起来就像一个横跨
火星的大"裂缝"。插图展示的是从峡谷中心向北看的透视图。

资料来源：主图出自"维京一号"，插图出自"火星快车号"。

　　如今，火星表面不存在液态水。我们之所以了解这一点，不仅是因为我们详细研究了火星的大部分表面，还因为火星表面的条件不允许液态水存在。在大多数区域和大部分时间里，火星非常寒冷，任何液态水都会立即冻结成冰。即使火星的温度上升到冰点以上，如赤道附近的正午时分有时就是那样，它的气压也非常低，液态水因而迅速蒸发。如果你穿上宇航服，拿着一杯水来到加压宇宙飞船的外面，水会迅速冻结或蒸发，或两者兼而有之。如今，我们在火星上发现的唯一的水是冰冻的，有些在两极，有些在地下（见图 4-18 ）。

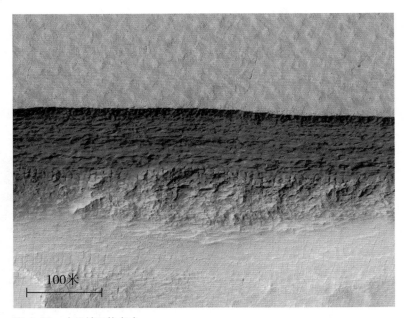

图 4-18　火星地下的水冰

注：这张由火星勘测轨道飞行器拍摄的彩色照片显示，在火星陡峭的峭壁表面，有一层约 80 米厚的水冰（蓝色所示）。正如这张照片所显示的，除两极外，火星表面下也有大量水冰。

　　然而，强有力的证据表明，火星表面曾有液态水流动。图 4-19 展示了从轨道研究中获得的一些证据。图 4-19a 展示的是一大片布满陨击坑的古代南部高地。请注意，许多大陨击坑的边缘模糊不清，而小陨击坑相对较少。这两个事实都证明，古代的火星是有降雨的，降雨侵蚀了陨击坑的边缘，彻底消除了小陨击坑。图 4-19b 展示的是火星表面的三维透视图。这个透视图表明，两个古老的火山湖之间曾有水流动。图 4-19c 展示的是一个类似河流三角洲的区域，水流入了古老的火山口。光谱显示，陨击坑底部有黏土矿物，可能是由河流下游的沉积物沉积而成的。

（a）　　　　　　　　　　（b）　　　　　　　　　　（c）

图 4-19　火星上曾经有水

注：图（a），这张照片展示的是火星南部高地的一大片区域。大陨击坑的边缘被侵蚀，而小陨击坑相对较少，这表明曾受到降雨的侵蚀。图（b），这张计算机生成的透视图说明火星峡谷是如何在两个可能的古代湖泊之间形成一条天然通道的（蓝色阴影部分所示），为显示地形，垂直的起伏被放大了 14 倍。图（c），一个古老的河流三角洲的可见光与红外组合图像，该三角洲是在水流沿着峡谷进入湖泊，然后填满大陨击坑（坑壁部分已标示）的地方形成的，黏土矿物以绿色标示。图（c）所示区域被称为耶泽罗三角洲，是 2020 年"毅力号"火星探测器的着陆点。

对火星表面的研究获得了更多的证据。例如，2012 年登陆火星的"好奇号"火星探测器一直在探测盖尔陨击坑，该陨击坑中央有一座高大的山，名为夏普山，这座山是由层状沉积岩组成的（见图 4-20）。探测器在陨击坑表面探测到的沉积岩表明，该陨击坑中曾经有个湖泊，探测器在表面也探测到了鹅卵石，几乎可以肯定这些鹅卵石是在古老的河床中形成的（见图 4-21）。"好奇号"探测器还对一些沉积层进行了化学分析，分析发现，这些沉积层中含有只在相对纯净的水中才会形成的矿物质，与地球上大多数湖泊中发现的矿物质非常相似。

图 4-20　火星上的河谷

注：这张照片拍摄于 2015 年，它捕捉到了"好奇号"探测器在盖尔陨击坑仰望河谷的景象。"好奇号"探测器于 2012 年在盖尔陨击坑着陆。"好奇号"探测器的研究支持这样一种观点，即 30 多亿年前，有个湖泊填满了陨击坑，使得陨击坑底部形成了层状沉积岩，后来的风蚀作用使大部分陨击坑暴露了出来，但在其中心留下了一座高山（夏普山）。

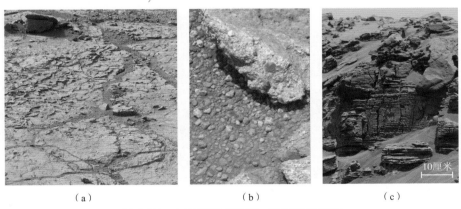

（a）　　　　　　　　　　（b）　　　　　　　　　　（c）

图 4-21　火星表面的沉积岩、鹅卵石和沉积层

注：图（a），"好奇号"探测器深入探查了由干黏土构成的岩层，发现了只有在酸性或碱性不高的水中才能形成的矿物质。图（b），这些圆形鹅卵石呈现的结构与地球上一般河床中发现的鹅卵石结构几乎相同，这充分说明，鹅卵石在被黏合成岩石之前是被流水磨圆的。图（c），在"好奇号"探测器拍摄的这张照片中，前景岩石均匀的岩层是沉积物随着时间推移在流入湖泊的河流三角洲中沉积而形成的。"好奇号"探测器拍摄到的岩层与地球上沉积岩中的岩层非常相似，地球上的沉积岩是在水源充足、水质相当纯净的情况下形成的。

　　火星上曾有水流动，这意味着火星曾经的温度和大气压力比现在高很多。这种观点似乎很有道理，因为火星非常大，其引力足以留住其早期历史中火山喷发的水蒸气和二氧化碳。如果火星上火山喷发的二氧化碳和水的比例与地球上火山喷发的二氧化碳和水的比例相同，那么火星上就会有足够的水来产生几十米甚至几百米深的海洋，火星也会有厚厚的二氧化碳大气层，产生强烈的温室效应。那么，最大的问题是火星大气中的气体和水究竟发生了什么变化呢？

　　河床附近陨击坑的数量表明，温暖和湿润的时期至少在20亿～30亿年前就结束了。主流的假设认为，火星的气候变化与当时可能发生的火星磁场的变化有关（见图4-22）。在火星的早期历史中，它可能有足够的内部热量使熔融金属在其核心对流，就像如今的地球一样，而这种对流会产生磁场，保护大气层免受太阳风的影响。然而，随着这颗行星冷却和核心对流停止，磁场减弱，此时太阳风的粒子使气体脱离火星大气层，并进入太空。

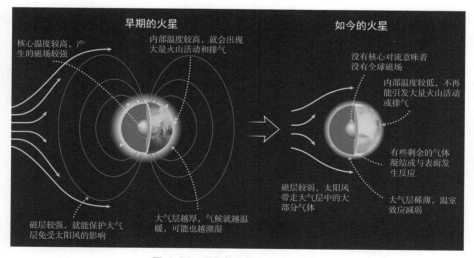

图4-22　早期的火星和如今的火星

注：本图展示了主流假设是如何解释为什么如今火星上没有液态水。随着火星内部冷却，火星的气候发生了剧烈的变化，降雨再也不会出现。

　　火星上曾存在的大部分水也可能永远消失了。像二氧化碳气体一样，一些水蒸气可能被太阳风带走了。然而，火星还以另外一种方式失去了水。因为火星大气层中没有吸收紫外线的气体，大气中的水分子很容易被紫外线光子分解。从水分子中分离出来的氢原子，与水分子中的一些氧原子一起消失在太空中。剩余的氧原子与火星表面的岩石发生化学反应，从大气中脱离出来，这一过程使火星上的岩石受到腐蚀，并赋予了这颗"红色行星"独特的色彩。美国国家航空航天局（NASA）发射的"火星大气与挥发物演化任务"探测器自2014 年以来一直绕火星运行，它仔细测量了如今火星流失大气气体的速度，从而证实了图 4-22 所示假设中的要素。

总之，火星的命运可能取决于其相对较小的体积。在火星的早期历史中，火星大到足以通过火山活动和排气来释放水和大气气体，但它又太小，无法维持其内部热量和磁场来保持水分和气体。如果火星像地球一样大，那么它仍会排气和产生全球磁场，它如今的气候可能就会很温暖了。

Q4　生命如何来自于生命本身？

氧气对动物生命至关重要，它约占地球大气的 21%。氧气不是火山喷发的产物，它是一种高活性气体，它的持续源自生命本身：植物和许多微生物。生物会通过光合作用释放氧气。如果没有光合作用，大气中的氧气就得不到持续不断的补充，它就会被岩石吸收，并在短短几百万年内从大气中消失，地球上的生命也会随之消失。

如今，光合作用产生的氧气返回大气的速度与动物呼吸消耗氧气的速度大致平衡，这就是氧气浓度保持相对稳定的原因。需要注意的是，因为臭氧是由普通氧气产生的，因此氧气也是保护地球臭氧层的因素。

除了大气中的氧气，地表液态水、板块构造以及在整个地球历史中保持相对稳定的气候都是地球生命赖以生存的非常重要的条件，接下来，我们就来探讨一下这些条件。

地球上所有的生命都需要液态水，而地球表面丰富的液态水使生命的繁盛成为可能。我们已讨论过，这些水最初从地球上的火山中喷发出来，然后通过降雨落在地表形成海洋，由于地球上的温室效应适度、地球与太阳之间的距离适中，海洋既不会冻结也不会蒸发。

除此之外，最后两个条件，板块构造和相对稳定的气候，已经被科学家证明是密切相关的。板块构造是个缓慢的过程，地球板块平均每年只移动几厘米，这大约是我们指甲生长的速度。然而，在数百万年的时间里，板块运动对各大陆进行重新排列，打开了大陆之间的海洋盆地，形成了山脉等（见图 4-23）。板块构造对气候稳定至关重要，因此对地球上生命的持续进化也至关重要。

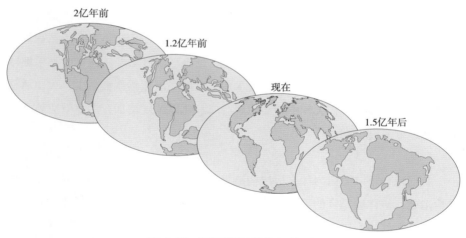

图 4-23　不同时期地球的大陆板块

注：板块构造在数百万年的时间里对各大陆进行重新排列。

地球的气候并不总是稳定的，地球在过去经历了无数次冰河期和温暖期。然而，即使在最寒冷的冰河期和最温暖的温暖期，地球表面的温度仍保持在液态水可以存在并可以孕育生命的范围内。根据模型显示，在过去的 40 亿年里，太阳的亮度大幅增加（约 30%），而地球的温度在这段时间里一直保持在几乎相同的范围内，因此地球气候的这种长期稳定性就更加引人注目了。显然，地球可以自我调节温室效应的强度，以保持气候的稳定。

地球自我调节温度的机制被称为二氧化碳循环。图 4-24 展示了该循环的工作原理。大气中的二氧化碳溶解在雨水中，雨水侵蚀岩石，致使矿物质被带入海洋中。在海洋中，这些矿物质与溶解的二氧化碳结合，沉到海底，形成碳酸盐岩。数百万年来，与板块构造相关的运动将碳酸盐岩向下推入地幔，在那里它们熔化并释放出二氧化碳，这些二氧化碳再通过火山喷发释放出来，返回到大气中。

二氧化碳循环对地球来说就是一个长期的恒温器，因为从大气中吸收二氧化碳的总速度受温度变化的影响：温度越高，吸收二氧化碳就越快。想一想，如果地球温度稍微上升会发生什么呢？温度升高意味着蒸发量和降雨量增加，从大气中吸收的二氧化碳也增加。随着大气中二氧化碳浓度下降，温室效应就会减弱，这样就会抵消最初上升的温度，使地球温度下降。同样，如果地球温度稍微下降，降雨量就会减少，雨水中溶解的二氧化碳就会减少，火山活动释放的二氧化碳就会在大气中重新积聚。二氧化碳浓度增加，温室效应就会加强，使地球温度上升。

我们现在可以明白为什么板块构造与人类生存有着如此密切的联系了。板块构造是二氧化碳循环的重要组成部分，如果没有板块构造，二氧化碳就会一直被锁在海底岩石中，而不会通过排气再循环，这样的话，地球的气候可能就会像金星和火星那样发生剧烈的变化。我们知道，火星因为体积小而缺少板块构造，但金星与地球大小相似，为什么它没有板块构造呢？主流的假设认为，金星缺水，这归因于失控温室效应导致的高温，这使得金星的岩石层更厚、更坚固，板块因而很难破裂。

如果这个假设是正确的，那么地球的两个主要特征是生命得以存在的原因：一是体积足够大，足以保持内部热量，并推动板块构造运动；二是与太阳的距离足够长，足以使释放出的水蒸气形成降雨，进而形成海洋。如果是这样的话，生命就可能会在宇宙中其他恒星周围的行星中普遍存在了，但这些行星的大小及轨道须与地球类似。图 4-25 概述了行星的体积以及其与太阳之间的距离是如何决定其命运的。

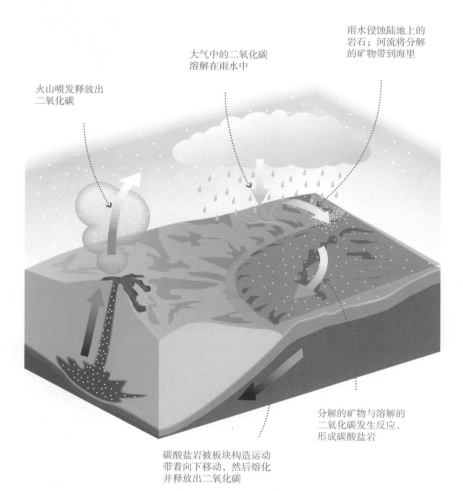

图 4-24 二氧化碳循环的工作原理

注：这张图展示了将二氧化碳从大气中源源不断地转移到海洋中，再转移到岩石中，最后返回到大气中的二氧化碳循环过程。板块构造在这个循环中起着至关重要的作用。

行星体积的作用

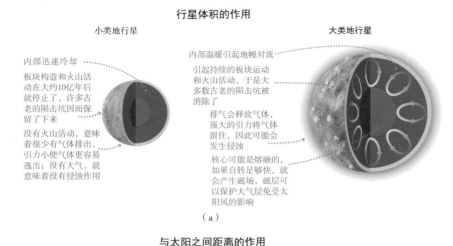

小类地行星

内部迅速冷却

板块构造和火山活动在大约10亿年后就停止了，许多古老的陨击坑因而保留了下来

没有火山活动，意味着很少有气体排出，引力小使气体更容易逸出；没有大气，就意味着没有侵蚀作用

大类地行星

内部温暖引起地幔对流

引起持续的板块运动和火山活动，于是大多数古老的陨击坑被消除了

排气会释放气体，强大的引力将气体留住，因此可能会发生侵蚀

核心可能是熔融的，如果自转足够快，就会产生磁场，磁层可以保护大气层免受太阳风的影响

（a）

与太阳之间距离的作用

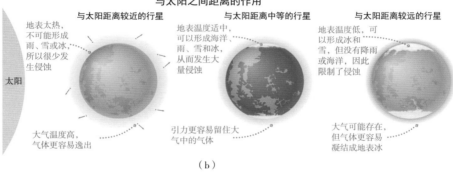

与太阳距离较近的行星

地表太热，不可能形成雨、雪或冰，所以很少发生侵蚀

太阳

大气温度高，气体更容易逸出

与太阳距离中等的行星

地表温度适中，可以形成海洋、雨、雪和冰，从而发生大量侵蚀

引力更容易留住大气中的气体

与太阳距离较远的行星

地表温度低，可以形成冰和雪，但没有降雨或海洋，因此限制了侵蚀

大气可能存在，但气体更容易凝结成地表冰

（b）

图 4-25　类地行星的体积及其与太阳之间的距离决定其地质历史

注：地球之所以有海洋和生命，是因为它足够大，而且它与太阳的距离适中。

　　地球似乎能在很长一段时间内有效调节自己的气候，但化石和地质证据告诉我们，全球气候可能会在较短的时间内快速发生大幅波动。过去的气候变化是由自然因素造成的，而如今，地球经历的气候变化是由一个新的因素造成的：人类活动正在使大气中二氧化碳和其他温室气体的浓度迅速增高，于是导致了全球变暖（见图 4-26）。全球变暖是我们这个时代最重要的问题之一，因此我们接下来将专门探讨全球变暖，同时探讨气候预测模型在预测全球变暖对未来影响中的作用。

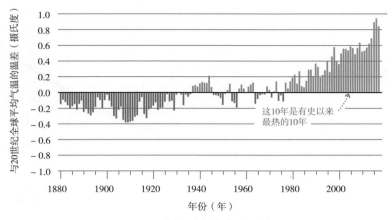

图 4-26　过去几十年的全球平均气温

资料来源：美国国家气候数据中心。

Q5　为什么极端天气越来越多？

科学观测表明，如今大气中二氧化碳的浓度比工业革命开始前或过去100万年间的任何时候都高出约40%，并且还在继续快速增高（见图 4-27）。我们可以确信，这种增高是人类活动的结果，因为大气中二氧化碳分子的含量在增加，这些二氧化碳分子中含有不同比例的碳同位素，而化石燃料中也如此。也就是说，燃烧化石燃料等人类活动使大气中温室气体的浓度明显增加。

基于对人类活动的事实的观测，我们建立了可以预测全球变暖未来趋势的气候模型，并发现正因为气候模型将人类活动排放的温室气体导致温室效应增强这一因素考虑在内，观测到的温度趋势与现实非常吻合（见图 4-28），这为全球变暖是由人类活动所导致的这一观点提供了进一步的支持。

气候模型清楚地显示了加速的温室效应，并成功地解释了所观测到的其他行星的表面温度。根据这个基本模型，毫无疑问，温室气体浓度上升会使地球温度上升；唯一有争议的是全球变暖的速度和程度。

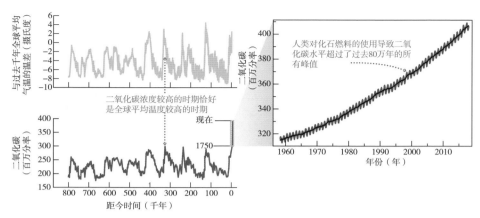

图 4-27 过去 80 万年大气中二氧化碳浓度的变化

注：过去几十年的数据是直接测量获得的，早期的数据来自对南极冰（冰核样本）中气泡的研究。

二氧化碳浓度以百万分率表示，即每 100 万个空气分子中二氧化碳分子的数量。

资料来源：冰核数据来自欧洲南极冰核计划；插图中的数据来自美国国家海洋和大气管理局。

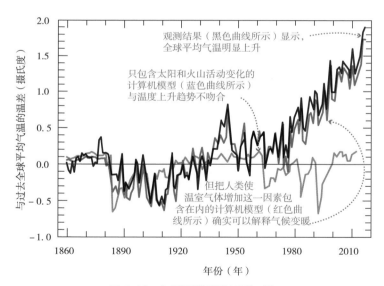

图 4-28 气候模型预测结果的对比

注：只有红色曲线与观测结果高度吻合。红色模型和蓝色模型的曲线是许多科学家独立构建的全球变暖模型的平均值，这些模型的误差范围在 0.1 ~ 0.2℃。数据来自第四次美国气候评估。

到 21 世纪末，全球平均气温将比现在升高 3 ～ 5℃，这将使我们的子孙后代面临人类未曾经历过的最温暖的气候。

虽然温度上升几摄氏度听起来可能并没有那么糟糕，但平均温度的微小变化可能导致气候模式发生更剧烈的变化。北极地区的温度上升幅度远远超过了平均水平。此外，大气和海洋温度上升意味着气候系统中可利用的总能量增加，这一事实或许可以解释为什么近几十年来极端天气事件似乎越来越频繁，而且越来越严重。

我们获得了全球变暖与人类活动有关的科学证据，那么接下来该如何做呢？比较观测结果和构建模型仍是关键。在对未来进行预测时，我们需要考虑目前与观测数据一致的所有模型。虽然气候变化模型仍存在不确定性，但它们普遍预测，如果温室气体的浓度继续以目前的趋势增高的话，也就是说，如果我们不采取任何措施减缓二氧化碳和其他温室气体排放，全球变暖的趋势将会加速。

全球变暖可能产生的其他后果包括：当地的气候条件干燥时，会引发更严重的干旱，这可能导致更多的森林大火；降雨来临时，会引发更严重的暴雨，这可能导致洪水和泥石流；夏天持续时间更长，更加炎热；珊瑚礁和海洋鱼类资源遭到破坏；海平面上升。事实上，最近的数据显示，格陵兰岛冰盖的变化速度惊人，有些科学家担心，到 21 世纪末，冰盖融化可能会导致海平面上升1 米或更多，这个上升幅度足以淹没世界各地的海岸线。从长远来看，极地冰盖完全融化会使海平面上升约 70 米。尽管冰盖融化可能需要几百年或几千年的时间，但它却指出了一种令人不安的可能性，即未来几代人将不得不派遣深海潜水员去探索许多大城市的水下遗迹。

幸运的是，气候模型显示，我们仍有时间来避免全球变暖带来最严重的后果，但前提是我们要迅速大幅减少温室气体的排放。只有当人类深入了解自己行为的后果时，这才可能实现。一个世纪前，当汽车首次大规模生产并且电力普及时，使用化石燃料似乎只会给人类带来好处，当时没有人预见到有毒污染物和二氧化碳的排放日后会带来问题。如果我们希望避免未来出现其他问题，就必须将科学建模和观察相结合，继续研究人类行为带来的潜在后果，并做出相应的选择。

要点回顾
The Cosmic Perspective Fundamentals >>>

- 行星体积的大小决定了其地质活动的水平。体积较大的行星能在较长时间内保持其内部热量，因此会经历更多的火山活动和板块运动，而且因为保留了厚厚的大气层，它们也会经历更多的侵蚀作用。

- 大气层的两个关键作用是：(1) 保护地表免受危险的太阳辐射的伤害，如 X 射线和紫外线的伤害；(2) 温室效应，将热量锁在行星的大气层中，使其变暖。

- 类地行星目前的状态取决于它的体积大小以及它与太阳之间的距离。

- 我们赖以生存的地球具有的独特特征是：(1) 地表液态水，这使地球的温度适中；(2) 大气中的氧气，这是光合作用生物的产物；(3) 板块运动，这是由内部热量驱动的；(4) 相对稳定的气候，这依赖于板块运动的二氧化碳循环。

- 科学家确信，是人类活动导致了全球变暖，鉴于我们对温室效应的认识以及人类活动使大气中二氧化碳增加的事实，这种变暖显然是预料之中的。全球气温上升的观测结果与这一预测一致。

05

类木行星如何影响地球生命

妙趣横生的宇宙学课堂

- 为什么木星可以吞噬 1 000 个地球？

- 类木行星为什么"卫星云集"？

- 宇宙飞船容易撞上小行星吗？

- 小行星的撞击会导致人类灭亡吗？

- 恐龙是因一次碰撞而灭绝的吗？

离开类地行星的区域，我们进入了外太阳系，外太阳系由 4 颗巨大的类木行星主导。

这些行星并不孤单。请看章首页的背景图，土星周围环绕着数十颗卫星，其中一颗是拥有厚厚的大气层的土卫六，土星周围还有无数小颗粒，它们组成了美丽的土星环。土星环内左边的蓝色小光点（大约在 10 点位置）是远处的地球。其他类木行星也有光环和众多卫星，有些卫星具有令人惊叹的特征，如活火山或地下海洋。外太阳系的其他部分有大量的小天体，即小行星和彗星。虽然这些天体单独绕太阳运行，但它们的轨道形状是由类木行星的引力来决定的。

本章内容，你将探索外太阳系奇妙的天体，看看它们有时是如何影响地球上的生命的。

Q1 为什么木星可以吞噬 1 000 个地球？

类木行星给人最直观的印象是体型巨大，或许正因如此，当年的天文学家们在给这些类木行星起名字的时候，用了神话故事中众神统治者的名字：朱庇特是众神之王，萨图恩是朱庇特的父亲，乌拉诺斯是天空之神，尼普顿是大海之王。①

　　真正的类木行星可能更加"威严"。这4颗行星中最小的是海王星，其体积是地球的50多倍；最大的木星可以容纳1 000多个地球。这些行星在组成和性质上也不同于类地行星，它们没有可立足的固体表面。在本节中，我们将考察这些类木行星以及它们奇妙的光环和卫星。

我们对类木行星的了解大多来自探测器的观测。人类发射的探测器已飞越了所有4颗类木行星。绕轨道运行的探测器可以长期对类木行星进行观测，绕木星运行的探测器有"伽利略号"（Galileo）（1995—2003年）、"朱诺号"（自2016年以来）；绕土星运行的探测器有"卡西尼号"（2004—2017年）。

类木行星的大小与组成

　　图5-1基于地球的数据，按比例展示了4颗类木行星以及一些基本数据。请注意，木星和土星非常相似，但与天王星和海王星截然不同。最主要的区别在于它们的组成。木星和土星几乎完全由氢和氦组成，氢化合物只占其质量的百分之几，岩石和金属的占比更低。事实上，它们的总体组成更像太阳，而非类地行星。有些人甚至称木星为"失败的恒星"，因为虽然它的组成类似恒星，但缺少发光所需的核聚变。之所以没有发生核聚变，是因为木星虽然作为行星来说体积很大，但它的质量却比任何恒星都要小很多。因此，它的引力太小，无法将内部挤压到核聚变所需的极端温度和密度。木星的质量需要增长到目前的80倍左右才能成为恒星。

天王星和海王星比木星和土星小很多，虽然它们也含有大量的氢和氦，但

---

① 英语中，Jupiter（木星）与罗马神话中众神之王朱庇特同名，Saturn（土星）与朱庇特之父萨图恩同名，Uranus（天王星）与希腊神话中天空之神乌拉诺斯同名，Neptune（海王星）与罗马神话中海神尼普顿同名。——译者注

主要由氢化合物组成，如水、甲烷、氨，以及少量的金属和岩石。

图 5-1 木星、土星、天王星和海王星

　　根据星云理论，我们可以通过观察类木行星的形成过程来了解它们在组成及体积上的差异。回想一下，类木行星是在冻结线以外形成的，那里的温度足够低，氢化合物可以凝结成冰。由于氢化合物的含量远高于金属和岩石，外太阳系有些富含冰的星子变得足够大，其引力足以吸引周围的氢气和氦气。这 4 颗类木行星都被认为是由质量相同（大约是地球质量的 10 倍）、富含冰的星子形成的，所以它们在组成上的差异一定是由它们俘获的氢气和氦气的数量造成的。木星和土星俘获了大量的氢气和氦气，因而这些气体占据了它们质量的绝大部分；天王星和海王星吸收的氢气和氦气要少得多，这使得它们的主体成分与周围富含冰的星子的成分相似。天王星和海王星吸收的气体较少的原因可能是它们距离太阳较远。距离越远，太阳星云的密度越低，所以成长为天王星和海王星的富含冰的星子可能比成长为木星和土星的星子需要更长的时间。因此，天王星和海王星在太阳风将星云中剩余的气体吹入星际空间之前，没有足够的时间从太阳星云中俘获气体。

类木行星的内部结构

　　类木行星通常被称为"气态巨行星"，这听起来好像它们完全是气态的，就像地球上的空气一样。然而实际情况要复杂得多，因为这些行星强大的引力将大部分"气体"挤压成各种形式的物质，这些物质与我们在地球上日常生活中所熟悉的物质完全不同。要了解这一点，想象一下，你穿着未来的宇航服进入木星，这种宇航服能让你在木星内部极端的条件下生存下来。

从木星可见的云层仅向下延伸几十千米就到了木星的大气层。在大气层以下，随着不断向下延伸，你会发现温度和压力越来越高。在这样的温度和压力下，任何进入木星的探测器都会被很快摧毁。1995 年，"伽利略号"向木星投放了一个太空探测器，这个探测器提供了有关木星大气层的宝贵数据，但它只能停留在云层顶部以下约 200 千米的深度。

我们可以通过计算机模型确定木星内部更深处的结构，图 5-2 展示了你继续深入木星时会遇到的圈层。除核心外，这些圈层在组成上没有太大差异，它们主要由氢和氦组成，但它们在氢的相态（如液态或气态）上有所不同。在最高层，即向下延伸大约 10% 的深度，氢气仍以常见的气态形式存在。在此之下，温度和压力变得非常极端，氢被迫变成了一种具有金属的电学特性，但仍像液体一样流动的致密形式。继续向下，就到了金属氢的部分，木星的强磁场就产生于这层金属氢。只有当深入到约 60 000 千米的深度时，你才会最终遇到木星的核心，核心由氢化合物、岩石和金属的混合物组成。然而，因为高温和高压，这种混合物与我们常见的固体或液体几乎没有相似之处。事实上，虽然木星核心的质量大约是整个地球的 10 倍，但它的密度大，因此木星核心的体积与地球相当。

土星的内部圈层与木星非常相似，只是土星的质量更小、引力更弱，这意味着只有在更深处，才具有形成液态氢和金属氢所需的压力。天王星和海王星内部的压力根本不足以形成液态氢或金属氢，这两颗行星都只有一层厚厚的气态氢围绕着由氢化合物、岩石和金属组成的核心。事实上，天王星和海王星核心的物质可能是液态的，从而在这些行星内部的深处形成了非常奇怪的"海洋"。有些科学家推测，这些行星的核心可能存在生命，但由于埋得太深，很难对其进行探索。

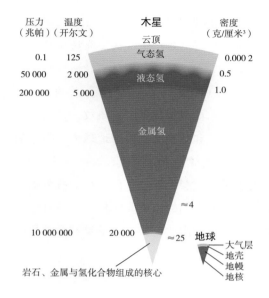

图 5-2　木星的内部结构

注：图中标注了木星内部不同深度的压力、温度和密度。地球的内部结构是按比例显示的，以供比较。

单位说明：0.1 兆帕大约是地球海平面上的大气压力；液态水的密度为 1 克／厘米³。

类木行星的天气

　　类木行星的大气层有动态的风、多变的天气、彩色的云和巨大的风暴。这些行星上的天气不仅像类地行星一样，受到来自太阳的能量的影响，还受到行星本身产生的热量的影响。虽然与太阳提供的热量相比，从类地行星内部逸出的热量非常少，但从类木行星内部逸出的热量可以与太阳提供的热量相提并论。除了天王星，其他类木行星都会产生大量的内部热量，我们不知道这种内部热量的确切来源，但它可能是引力势能转化的热能。这种情况之所以会发生，要么是因为这些行星的体积在不知不觉中持续缓慢地缩小，要么是因为它们随着较重的物质不断向核心下沉而不断分化。

　　类木行星都有浓密的大气层，但它们的云层与地球上的不同。当气体凝结成微小的液滴或固态片状时，就形成了云。地球的大气层中只有一种成分可以凝结成云，即水蒸气，而类木行星有几种气体可以凝结成云。因为不同的气体在不同的温度下凝结，所以这些行星在不同的高度有不同的云层。例如，木星有 3 个主要的云层（见图 5-3）。最低的云层位于大约 100 千米的深度，那里的温度与地球类似，那里的水蒸气可以凝结形成云。海拔越高，温度越低，在水云上方约 50 千米处，温度非常低，足以使气体硫化氢铵凝结成云。硫化氢铵云使木星呈现出独特的棕褐色和红色。在海拔再高一些的地方，温度也非常低，氨气凝结成上层的白云。木星之所以看似有条纹，是因为大气的流动模式在不同的纬度上形成了多云区和晴朗区，就像地球赤道附近的热带雨林地区比北部和南部的沙漠地区云层浓密一样。土星和木星一样，有 3 层云层，但这些云层位于温度较低的土星大气层的深处，使土星的颜色更柔和。天王星和海王星的甲烷气体含量高，但它们的温度非常低，因而有些甲烷气体会凝结成甲烷云。甲烷气体吸收来自太阳的红光，天王星和海王星因此呈现出独特的蓝色。

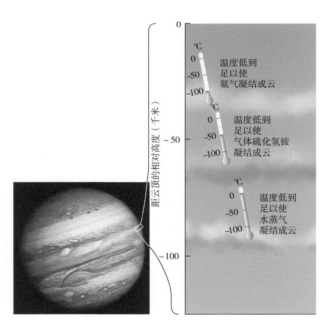

图 5-3　木星的云层

注：木星至少有 3 个不同的云层，因为不同的大气气体在不同的温度下凝结，因此它们在不同的高度凝结。氨云的顶部通常被认为是木星高度为 "0" 的地方，这就是比它低的高度是负值的原因。

所有类木行星都会出现大风和强烈的风暴。最著名的风暴是木星的大红斑，它的宽度是地球的两倍多，而且有点像巨大的飓风，只是它的风在高压区而非低压区循环（见图5-4）。与地球上的风暴相比，它的持续时间也非常长。在过去的两个世纪里，天文学家一直在观测它，而且在此期间，望远镜的功能已经强大到可以探测到它。没有人知道大红斑为什么会持续这么长时间。不过，地球上的风暴在经过陆地时强度往往会减弱，也许木星上最大的风暴之所以会持续几个世纪，只是因为那里没有固体表面来消耗它的能量。

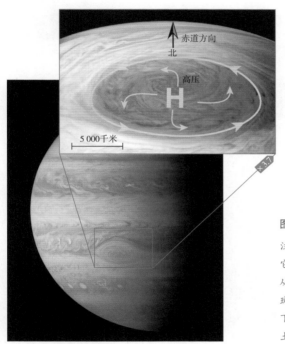

图5-4 木星上的巨大风暴——大红斑

注：木星大红斑是个巨大的高压风暴，它非常大，足以吞噬地球。上方图片是从"朱诺号"探测器上看到的木星大红斑的彩色图像，展示的是该地区的天气。下方图片是"卡西尼号"探测器在飞往土星途中经过木星时拍摄的。

类木行星的光环

所有类木行星都有光环，但只有土星环最容易从地球上观测到，而且土星环也是研究得最深入的光环，所以我们利用土星环来探讨光环系统的一般性质。

　　从地球上看，土星环似乎是连续不断的同心盘状物质，由被称为"卡西尼环缝"的巨大空隙分隔开来（见图 5-5a）。探测器拍摄的图像显示，这些盘状物由许多单独的环组成，环与环之间有狭窄的缝隙（见图 5-5b）。但即使是图像也有一定的欺骗性。如果我们能漫步进入土星环，我们就会发现它们是由无数的冰颗粒组成的，从尘埃到巨石，这些颗粒大小不等，有时会因相互的引力而聚集在一起（见图 5-5c）。根据开普勒定律，土星环上的每一个颗粒都独立绕土星运行。

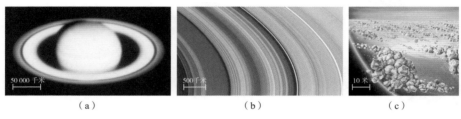

（a）　　　　　　　　　（b）　　　　　　　　　（c）

图 5-5　土星环放大图

注：图（a），这张地基望远镜拍摄的土星照片，使土星环看起来像巨大的同心盘，环内的黑暗缝隙被称为卡西尼环缝。图（b），这张"卡西尼号"探测器拍摄的土星环照片显示，许多单个的环被狭窄的缝隙隔开。图（c），艺术家对光环系统中颗粒的构想图，颗粒因引力聚集在一起，但小颗粒的随机速度会引发碰撞，使它们分裂。

　　近距离特写照片显示，土星环数量惊人，并且具有缝隙、波纹和其他特征。科学家仍在努力解释这些特征，但目前已经有了一些大致清晰的认识。光环和缝隙分别是由颗粒在某些轨道距离上聚集、在其他轨道距离上被挤出而形成的。当引力以某种特定的方式推动环粒子的轨道时，就会发生这种聚集现象。推力的一个来源是位于光环缝隙内的小卫星，这些小卫星有时被称为"间隙卫星"（见图 5-6）。

　　环粒子也可能受到更大、更遥远的卫星的引力拉扯。例如，一个环粒子在距离土星中心约 12 万千米的轨道上运行，它绕土星 1 周的时间正好是土星卫星土卫一绕土星 1 周所需时间的一半。每次土卫一回到原来位置时，环粒子也会回到它原来的位置，因此会受到土卫一同样的引力拉扯。这种周期性的动作增强了彼此的相互引力影响，而且在光环中清理出一条缝，这样就形成了卡西尼环缝。这种由于引力反复的拉扯而造成的引力增强被称为轨道共振，轨道共振这个名称来源于这样一种思路：反复的引力拉扯会使彼此产生共振，进而使效应增强。由土星环内卫星和远离土星的卫星引起的其他轨道共振，可能可以解释土星环照片中可见的大多数复杂结构。

光环是从哪里来的？科学家曾推测，环粒子可能是行星形成时遗留下来的大块岩石和冰，但我们现在知道，如今在光环上发

当间隙卫星的引力推动比它运行速度快的环粒子（位于缝隙内）或比它运行速度慢的环粒子（位于缝隙外）时，间隙卫星（白点所示）就会产生波纹

50千米

×40

直径为8千米的土卫三十五消除了环间的缝隙

2 000千米

图 5-6　环内的小卫星对环结构有重要影响

资料来源：图像由"卡西尼号"探测器拍摄。

现的这种大小的粒子不可能存在数十亿年。环粒子因受到绕太阳运行的无数沙粒大小的粒子的碰撞而不断磨损，这些粒子与在地球大气层中形成流星的粒子是同一类型。经过数百万年这样的微小碰撞，土星环上现有的粒子可能在很久以前就变成尘埃了。就天王星而言，由于它稀薄的高层大气的阻力，环粒子也会消失。

现在只有一种可能合理的解释了：新的环粒子必须不断取代那些被破坏的环粒子。新的环粒子最可能的来源是无数的小卫星，即间隙卫星大小的卫星（见图 5-6），这些小卫星是由环绕年轻的类木行星的扁平圆盘里的物质形成的。微小的碰撞也在逐渐磨损这些小卫星，但它们足够大，即使经历了 45 亿年的磨损仍然存在，这样它们就能以两种方式产生环粒子了。首先，每一次微小的碰撞都会从小卫星表面释放出粒子，这些释放出来的粒子会变成尘埃大小的新的环粒子。其次，偶尔发生的较大的碰撞可以彻底粉碎小卫星，产生巨石

大小的环粒子。图 5-7 概述了小行星是如何产生组成类木行星光环的粒子的。

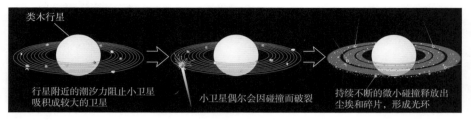

图 5-7　类木行星光环起源的概括图

Q2　类木行星为什么"卫星云集"？

　　除了体型更大，类木行星的卫星也要比类地行星多出许多。目前已知，类木行星除了有光环，还被 170 多颗卫星环绕着，其中木星和土星各有 60 多颗卫星。为了更好地了解这些卫星，可以将它们按照体积分成 3 组：直径超过 1 500 千米的大卫星、直径在 300 ～ 1 500 千米的中等卫星，以及直径小于 300 千米的小卫星。类木行星的绝大多数卫星都很小，许多卫星的直径不超过几千米，这些小卫星中大多数可能是小行星或彗星，它们是在类木行星还被旋转的气团包围着时被捕获到轨道上的。

　　图 5-8 按比例展示了所有的中等卫星及大卫星。这些卫星都很大，其引力足以使它们成为球体，因此如果它们独立绕太阳运行，它们就可以成为矮行星或行星。这些卫星因为有固体表面，所以它们与类地行星一样，是由 4 个相同的地质过程形成的，即陨击成坑、火山活动、板块运动和侵蚀作用。最令人惊讶的是这些卫星的地质活动水平。即使是最大的卫星也只比月球和水星稍大一点，所以我们可能会认为这些卫星像月球和水星一样，无任何地质活动。然而，我们在类木行星的卫星上发现了过去曾发生过巨大地质活动的迹象，其中有些卫星的地质活动仍很活跃。

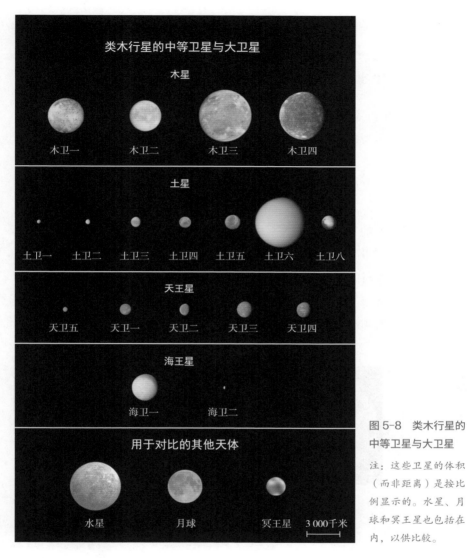

图 5-8 类木行星的中等卫星与大卫星

注：这些卫星的体积（而非距离）是按比例显示的。水星、月球和冥王星也包括在内，以供比较。

这么小的卫星怎么会有如此多的地质活动？要回答这个问题，最好的办法还是看看几个有趣的例子。我们看到，它们的地质活动可以归结为两个主要因素。首先，由于这些卫星是在寒冷的外太阳系形成的，它们的组成除了金属和岩石以外，还包括大量的冰，而且冰发生地质活动比岩石发生地质活动所需的热量要少得多。其次，绕类木行星运行的卫星之间的相互作用有助于产生一种称为"潮汐加热"的热源，这种热源在类地行星上是不存在的。

木星的伽利略卫星

木星最大的 4 颗卫星，即木卫一、木卫二、木卫三和木卫四，统称为"伽利略卫星"，因为它们是由伽利略发现的。我们先探讨木卫一。

有些人认为卫星就像月球一样荒凉贫瘠、坑坑洼洼，而木卫一的存在打破了这种刻板印象。活火山使木卫一的整个表面坑坑洼洼，也使其成为太阳系中火山活动最活跃的卫星（见图 5-9）。从木卫一的火山活动我们可以得知，它的内部温度一定很高。然而，木卫一只有月球那么大，所以它应该在很早之前就已失去了诞生时的热量，而且它太小了，放射性物质无法为其持续提供大量热量。因此它的内部必须有其他热源。科学家已确定这种热源就是潮汐加热，是由木星施加的潮汐力引起的。

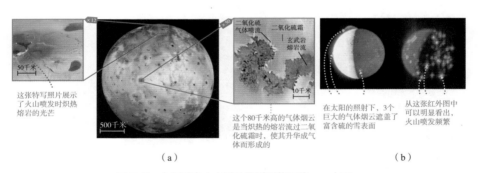

图 5-9　太阳系中火山活动最活跃的天体——木卫一

注：图（a），木卫一表面的黑色、棕色和红色斑点大多是最近活跃的火山地貌，白色和黄色区域分别是火山气体产生的二氧化硫和硫沉积物。图（b），"新地平线号"探测器在前往冥王星途中拍摄的两张木卫一上火山的照片。

资料来源：照片由"伽利略号"探测器拍摄，其中有些颜色稍有加深或改变。

你已经知道月球的引力在地球上产生了潮汐。潮汐产生的原因是引力的强度随着距离的增加而减弱，所以月球和地球面向月球那一面之间的引力比月球和地球背向月球的那一面之间的引力要大。引力的这种差异产生了一种"张力"或称为潮汐力,它将整个地球拉伸,形成了两个潮汐隆起:一个面向月球,一个背对月球。地球自转时地球表面的每一点每天都会经过这两个隆起,这就是每天会有两次涨潮的原因。虽然海洋的潮汐涨落要明显得多,但潮汐也会使陆地每天上升和下降两次(大约1厘米)。这种日常运动在地球内部产生了摩擦力,数百万年来,这种摩擦力使地球自转的速度逐渐减缓。

就像月球引力对地球产生潮汐力一样,地球引力也对月球产生潮汐力。事实上,由于地球的质量比月球大得多,因此,相对于月球对地球的潮汐力而言,地球对月球的潮汐力带来的影响要大得多。这种强大的潮汐力可以解释月球的同步自转现象:月球自转的速度可能曾经更快,但地球的潮汐力在月球内部产生了摩擦力,使月球的自转速度减慢,直到月球始终保持同一面朝向地球。

其他行星和卫星也会相互施加潮汐力。木星对伽利略卫星的潮汐力非常强大,使得这4颗卫星始终保持同一面朝向木星。潮汐力使木卫一、木卫二和木卫三的温度升高,因为这3颗卫星绕木星运行的轨道是椭圆形的,这意味着木星对这些卫星的引力和潮汐力的强度会随着这些卫星的运行轨道而变化,而不断变化的潮汐力使这些卫星的内部不断弯曲,从而产生了摩擦和热量。但是为什么这些卫星的轨道是椭圆形的,而其他大卫星的轨道几乎都是圆形的呢?答案在于轨道共振,就像影响土星环的轨道共振一样:在木卫三绕木星1周的时间里,木卫二正好绕木星2周,木卫一正好绕木星4周。因此,这3颗卫星会周期性地排成一行,但是随着时间的推移,不断的引力牵引着这些卫星,使它们的轨道从圆形被拉伸成椭圆形。木卫一的潮汐加热是最强的,因为它离木星最近。精确的计算表明,潮汐加热确实可以产生足够的热量,这也就可以解释为什么木卫一会有令人难以置信的火山活动了。

潮汐加热对木卫二来说较弱,但仍足以使木卫二成为太阳系中最有趣的天体之一。木卫二的表面覆盖着水冰,水冰上的裂缝和其他视觉证据表明,冰有时会融化并再次冻结(见图5-10)。这一事实,再加上基于潮汐加热进行的计算以及对木卫二磁场的研究，使科学家得出了这样的结论：木卫二的表面下一定有巨大的液态水海洋。详细的模型表明，木卫二拥有金属核心和岩石地幔，周围有一圈水层，水层在表面附近是冻结的固体，而在几千米以下是液体（见图 5-11）。

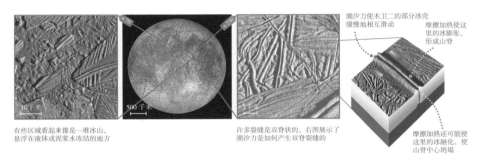

图 5-10　木卫二的冰壳下面可能隐藏着很深的液态水海洋

注：全局视图中的颜色进行了加深处理。

资料来源：这些照片由"伽利略号"探测器拍摄。

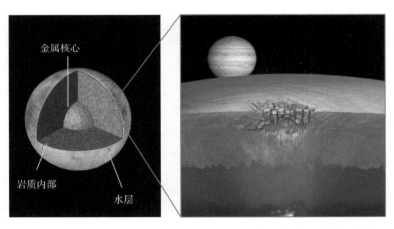

木卫二的冰壳下可能有 100 千米深的海洋　　　　上升的暖流有时会在冰层中形成湖泊，导致上面的冰壳破裂

图 5-11　木卫二内部结构模型

注：水层真实存在，这是毋庸置疑的，但冰壳下的物质是液态水，还是相对温暖的对流冰，还是两者各占一部分，仍存在疑问。

木卫三和木卫四的表面也有水冰，而且有些数据显示，这些卫星拥有地下海洋。然而，仅仅潮汐加热自身并不足以说明木卫三是如何拥有海洋的，而且潮汐加热对木卫四完全没有影响，因为木卫四不参与影响其他3颗伽利略卫星的轨道共振。如果这些卫星拥有地下海洋，那么其热量可能是由持续不断的放射性衰变所提供的。然而，无论这些卫星是否拥有海洋，它们的表面都展现出了迷人的地质特征。木卫三的有些区域颜色较暗，陨击坑密集，这表明它们如今看起来与数十亿年前大致相同，而其他区域颜色较浅，陨击坑也很少，这表明最近有液态水流动并再次冻结（见图5-12）。相比之下，木卫四看起来就像一个布满陨击坑的冰球，正如我们所预料的那样，因为它没有潮汐加热（见图5-13）。

图 5-12　木卫三的表面

注：木卫三是太阳系中最大的卫星，其水冰表面既有古老的区域，也有年轻的区域。黑暗的区域布满了陨击坑，一定有数十亿年的历史，而明亮的区域则呈现出较年轻的景观，可能是那里喷发的水抹去了古老的陨击坑。浅色区域长长的沟槽很可能是水沿表面裂缝喷发形成的。需要注意的是，这两种类型的地形之间的界限非常明显。

图 5-13　木卫四的表面

注：木卫四是4颗伽利略卫星中位于最外层的一颗，其冰层表面布满了陨击坑。

木卫四上布满了陨击坑，这表明它古老的表面下可能深藏着海洋

特写照片显示，一种黑色粉末覆盖在表面的低洼区域

活跃的土星卫星：土卫六和土卫二

下面我们看看土星的两颗卫星：土卫六和土卫二。土卫六是太阳系中的第二大卫星，仅次于木卫三，它在太阳系的卫星中也是独一无二的，因为它的大气层非常厚，其表面被遮挡得严严实实，只能看到少数特定波长的光（见图 5-14 左图）。大气层中的氮含量超过 95%，与地球大气层中 77% 的氮含量相差不大。然而，地球大气层的其余部分主要是氧气，而土卫六大气层的其余部分由氩气、甲烷、乙烷（C_2H_6）和其他氢化合物组成。

甲烷和乙烷都是温室气体，因此给土卫六带来了温室效应，使土卫六比没有温室效应时温度更高。然而，由于距离太阳很远，土卫六的表面温度只有 -180℃，表面压力大约是地球上海平面压力的 1.5 倍，如果不是因为缺氧和温度较低，在土卫六上会相当舒适。

土卫六上有厚厚的大气层，这就够吸引人的了，但我们之所以对土卫六特别感兴趣，至少还因为另外两个原因。首先，它复杂的大气化学成分可能会产生大量的有机化学物质，而这些化学物质是生命的基础。其次，尽管土卫六的温度很低，液态水不可能存在，但其条件却适合形成甲烷雨或乙烷雨。NASA 和欧洲航天局（ESA）联手，利用绕土星运行的"卡西尼号"探测器和欧洲制造的"惠更斯号"（Huygens）探测器对土卫六进行了探索。

"惠更斯号"于 2005 年 1 月利用降落伞在土卫六上软着陆。探测器在下降过程中拍摄到了土卫六表面的河谷交汇在一起，流向了一个看起来像海岸线的地方（见图 5-14 中间图）。探测器发现了土卫六的表面有一层硬壳，但表面下面有些湿软，就像混有液体的沙子。从土卫六表面看，大冰块被侵蚀成圆形（见图 5-14 右图）。所有这些探测结果都支持土卫六气候湿润的观点，但引起气候湿润的是液态甲烷或乙烷，而不是液态水。"卡西尼号"的雷达观测证实了土卫六上存在液态甲烷或乙烷湖泊（见图 5-15）。

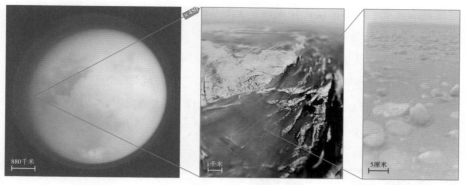

图 5-14 "惠更斯号"探测器在土卫六上的着陆点的放大图

注：这组图放大了"惠更斯号"探测器在土卫六上的着陆点。左图："卡西尼号"探测器利用滤光器拍摄的全局图，设计该滤光器的目的是以受大气影响最小的特定近红外波长透过大气层进行观察。中间图：探测器在下降过程中拍摄的空中图像拼接图。右图：探测器着陆后拍摄的表面图像；这些"岩石"直径为 10 ～ 20 厘米，据推测是由冰构成的。请牢记，你所看到的是超过 10 亿千米以外的一颗卫星的表面。

图 5-15 土卫六上存在液态甲烷或乙烷

注：土卫六北极附近的丽姬亚海的雷达图像，图像显示的是 −180℃的液态甲烷或乙烷湖泊。大多数固体表面都能很好地反射雷达，这些区域被人为地涂成了棕黄色，以表示陆地。液体表面对雷达的反射很差，这些区域被涂成了蓝色和黑色来表示湖泊。

　　我们可以把土卫六的地质活动归因于它相对较大的体积和它的冰质组成。由于土星的其他卫星都小得多，科学家曾预计它们几乎不会有地质活动活跃的迹象。事实证明，情况完全不同。土星的 6 颗中等大小的卫星中，每一颗都有迹象证明过去曾有过大量的地质活动。最令人惊讶的是，尽管土卫二的直径只有 500 千米，科罗拉多州就能完全容纳下它，但"卡西尼号"拍摄的图像却清楚地显示其上的地质活动正在进行。土卫二的南极附近有奇怪的沟槽，这些沟槽喷出巨大的水蒸气和冰晶云（见图 5-16）。这些喷流是由其内部热量推动的，而其内部热量显然是由轨道共振（与土卫四轨道共振）产生的潮汐加热引起的。此外，这些喷流一定有地下来源，而且"卡西尼号"的其他观测数据表明，土卫二有一个全球性的地下海洋，海洋由液态水或温度较低的水 / 氨混合物组成，这至少为土卫二可能孕育生命提供了一种微小的可能性。

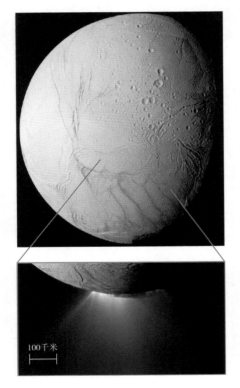

图 5-16　"卡西尼号"拍摄的土卫二的图像

注：主图底部附近的蓝色"虎纹"是新近形成的冰区，这些冰一定是最近从下方冒出来的。图像是由近紫外、可见光和近红外波长合成的，颜色经过了夸张化处理。插图显示，太阳从背后照射着土卫二，冰粒子和水蒸气的喷流向下喷射着。

天王星与海王星的卫星

我们对天王星与海王星的卫星所知甚少，因为我们只有一次机会对它们进行近距离拍摄，也就是 20 世纪 80 年代"旅行者 2 号"飞过这些卫星时。尽管如此，我们还是看到了这些卫星令人惊讶的地质活动的迹象。

天王星没有大卫星，只有 5 颗中等大小的卫星，其中至少有 3 颗有过火山活动或板块运动的迹象。天卫五是 5 颗卫星中最小的，也是最令人惊讶的（见图 5-17）。尽管它的体积很小，却有明显的板块运动特征，而且陨击坑相对较少。显然，在重轰击结束后，它经历了地质活动，消除了早期的陨击坑。

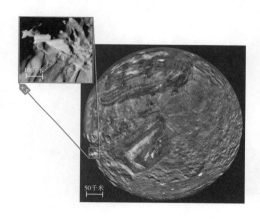

图 5-17 天卫五的表面

注：天卫五虽然体积很小，但其表面却显示出惊人的板块运动。插图中的悬崖峭壁比地球上的大峡谷还要高。

海王星的卫星海卫一继续给我们带来惊喜（见图 5-18）。首先，海卫一是一颗奇怪的卫星：它是一颗大卫星，但它绕海王星"反向"运行，即其运行方向与海王星自转方向相反，而且运行轨道平面与海王星的赤道平面之间有很大的倾角。

这些迹象表明，这颗卫星是被捕获的，而不是在其行星周围的气态圆盘中形成的。没有人确切地知道像海卫一这样大的卫星是如何被捕获的，但模型提出了一种可能性：海卫一可能曾经是柯伊伯带双星天体中的一员，在经过海王星时，因与海王星距离太近而被捕获，而它的同伴却获得了能量，并以高速被抛出。

海卫一的地质活动与它的起源一样令人惊讶。海卫一的体积比月球还要小，但它的表面却有相对近期的地质活动的迹象。有些区域有过去火山活动的迹象，而另一些区域则有板块运动产生的褶皱山脊，俗称"哈密瓜形地表"。

海卫一的大气层非常稀薄，这在其表面留下了一些风纹。海卫一最初很可能是被捕获到了一个椭圆形轨道上，这样才会有足够的潮汐加热，也就能够解释其为什么会发生这些地质活动。

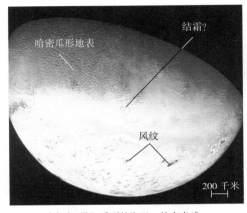

"旅行者2号"看到的海卫一的南半球

这张特写照片展示了类似月球月海的充满熔岩的陨击盆地，但熔岩是水或泥浆，而不是熔融的岩石

图 5-18　海卫一显示出曾有过大量地质活动的迹象

冰地质活动

类木行星的卫星给我们上了一堂重要的地质学课。如果这些卫星与类地行星相似，那么它们早就因体积小而没有任何地质活动了。然而，类木行星的卫星和类地行星之间有一个关键的区别：它们的组成不同。

大多数类木行星的卫星都含有冰，这些冰可以在比岩石低得多的温度下融化或变形。因此，即使它们的内部温度下降到远低于它们诞生时的温度，它们也可以经历地质活动。事实上，除了木卫一，外太阳系发生的大多数火山活动可能根本不会产生任何热熔岩，而会产生冰熔岩，冰熔岩本质上是液态水，可能还夹杂着甲烷和氨。关键是，在比岩石地质活动温度低得多的情况下，冰地质活动也可能发生。这一事实以及潮汐加热偶尔提供的额外热量，就可以解释为什么类木行星的卫星尽管体积很小，却有着非常有趣的地质活动历史。

Q3　宇宙飞船容易撞上小行星吗？

科幻电影中经常出现这样的场景：勇敢的宇宙飞船驾驶员在拥挤的小行星区域中穿行，他们一路躲闪着，当他们英勇地穿过小行星群时，宇宙飞船只有几处磕碰和擦痕。这样的戏剧很棒，但不太现实。当我们把小行星带绘制在纸上时，它看起来会非常拥挤，但实际上它是一个巨大的空间区域。

尽管小行星数量众多，但它们之间的平均距离非常遥远，除非运气极差，否则是不可能意外撞到小行星的。实际上，宇宙飞船必须经仔细引导才能飞到距小行星足够近的地方拍下像样的照片。未来的太空旅行者将会面临很多危险，但躲避小行星不可能是他们面临的危险之一。

太阳系中除了有 8 大行星和它们的卫星之外，还有数量更加庞大的小天体。太阳系的小天体包括小行星、彗星和矮行星。这些天体的体积很小，这使得它们最初看起来可能微不足道，但它们数量众多。此外，因为体积小，这些天体更容易受到其他天体的引力牵引，因而它们有时会向内进入内太阳系，在内太阳系中它们可能成为壮观的彗星，或者偶尔会坠落到地球上。

太阳系的小天体基本上是残留的星子，它们如今在 3 个主要区域绕太阳运行：火星和木星之间的小行星带，海王星轨道外的柯伊伯带，以及延伸到距太阳很远的奥尔特云。我们可以通过考察这些区域中小天体的性质，了解将它们这样分组的原因。

小行星带

小行星带可能包含至少 100 万颗直径大于 1 千米的小行星，还有许多体积更小的小行星。体积小的小行星不是圆球形的，因为它们的引力不够大，不足以使其成为圆球。只有最大的谷神星（其直径接近 1 000 千米）足够圆，可以被称为矮行星（见图 5-19a），但质量排在第二的灶神星在因某次碰撞形成巨大的极地陨击坑之前可能也是圆球形的（见图 5-19b）。另外，还有十几颗其他小行星也足够大，如果它们绕行星运行的话，我们也可以称它们为中等卫星。

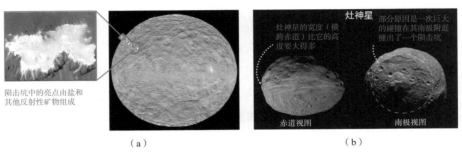

图 5-19　两颗最大的小行星（按质量计算）——谷神星和灶神星

注：图（a），"黎明号"小行星探测器自 2015 年以来一直绕谷神星运行，它为我们揭示了一个充满陨击坑的世界，其中的一些陨击坑中有亮点，它们的底部由盐和其他反射性矿物组成，这些陨击坑还有以往地质活动的迹象。图（b），在前往谷神星之前，"黎明号"在 2011—2012 年绕灶神星运行。灶神星并不是很圆，这可能是因为它的极地陨击坑很大（虚线圆所示）。

资料来源：由"黎明号"小行星探测器拍摄的详细图像。

　　小行星是残余的岩质星子，与形成类地行星的星子相似。这一事实表明，它们一定曾经相当均匀地分布在内太阳系。那么，为什么它们如今集中在小行星带呢？答案很简单，那就是小行星带是岩质星子唯一可以幸存下来的地方。几乎所有在火星轨道内形成的岩质星子最终都被吸积成了 4 颗宜居带内行星之一。相比之下，小行星带中的小行星远离任何行星，因此可以在其现有的轨道上存活数十亿年。但这引发了一个更深层次的问题：为什么在这个区域没有形成另一颗行星，像内太阳系的类地行星那样将小行星吸积呢？

　　小行星的轨道为我们提供了关键的线索：大多数小行星都具有几个特定的

轨道周期和轨道距离，轨道周期位于这几个特定轨道周期之间的小行星很少。深入的研究表明，这些轨道周期与木星 12 年的轨道周期成简单整数比，比如是木星周期的 1/2 或 1/3。这些简单整数比是轨道共振的迹象，很像土星环内和木星的伽利略卫星间的轨道共振。由此我们得出结论，木星的引力是影响小行星带中小行星轨道的主要因素，这一影响因素也可以解释小行星带中为何从未形成行星。当太阳系形成时，这个区域可能含有足够的岩质物质，足以形成另一颗类地行星，但是与年轻木星的共振扰乱了该区域内星子的轨道，使它们无法吸积形成一颗成熟的行星。在接下来的 45 亿年里，持续的轨道干扰逐渐将这颗"未成形行星"的碎片完全踢出了小行星带。一旦离开了小行星带，这些碎片要么撞向行星或卫星，要么被抛出太阳系。小行星带因此失去了最初的大部分质量，这就解释了为什么如今所有小行星的总质量比任何类地行星的质量都要小得多。

柯伊伯带

小天体的下一个主要区域是柯伊伯带，除了其残余星子的组成富含冰，柯伊伯带在许多方面与小行星带相似。因此，当柯伊伯带中的小天体受到引力扰动，并被抛入内太阳系时，它的冰开始升华，因而我们可能会把它视为天空中的一颗长尾彗星（见图 5-20）。我们在天空中看到的彗星可能来自奥尔特云，也可能来自柯伊伯带。

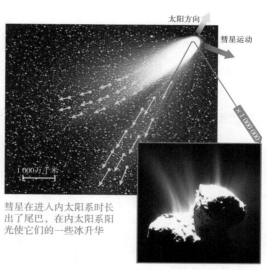

彗星在进入内太阳系时长出了尾巴，在内太阳系阳光使它们的一些冰升华

可见的活动都来自小彗星的"核"，彗核基本上就是彗星远离太阳时的样子。升华的冰喷流将尘埃从旋转的彗核中带走，形成被太阳吹回的彗尾

图 5-20 进入内太阳系的彗星

注：彗星是富含冰的残余星子，只有当它们造访内太阳系时，我们才能在天空中看到；大多数彗星永久运行在柯伊伯带或奥尔特云中。主图显示的是从地球上看到的海尔 – 波普彗星的彗尾，插图显示的是"罗塞塔号"彗星探测器拍摄的 67P/ 丘留莫夫 – 格拉西缅科彗星的彗核。

与小行星带一样，柯伊伯带中大多数天体的轨道都是由类木行星的引力形成的，此处的类木行星指的是海王星。

然而，柯伊伯带可能没有大行星。这并不是因为天体被甩了出去，而是因为距离太阳太远、密度太低，使星子的成长速度减缓。结果，在阳光和太阳风清除太阳星云之前，星子都没有成长到足以吸入周围氢气和氦气的程度。

虽然柯伊伯带没有形成类木行星，但有些冰质星子成长到非常大，其引力足以使其成为圆球形，因而它们成为矮行星，我们已知最大的两颗矮行星是冥王星和阋神星。我们已在前文简要讨论过，"新地平线号"探测器飞掠冥王星，揭示了矮行星可能有非常有趣的地质历史。

事实上，冥王星的表面特征表明，如今它的地质活动可能仍非常活跃，它甚至拥有稀薄的大气层（见图 5-21）。

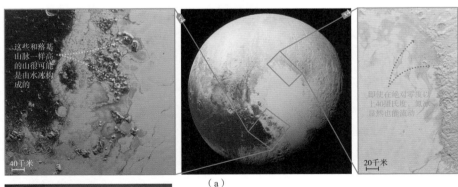

（b）

图 5-21　"新地平线号"拍摄的冥王星图像

注：图（a），冥王星表面特征的彩色图像。中央图中明亮的心形区域被称为汤博区，是以冥王星发现者的名字命名的。图（b），冥王星崎岖的山脉、平坦的平原和朦胧的大气层，这是"新地平线号"在与冥王星相遇后，向太阳方向回望时所看到的。

奥尔特云

奥尔特云与太阳的距离可能是冥王星与太阳距离的近 1 000 倍，奥尔特云最遥远的天体到太阳的距离，大约是太阳到最近的恒星（比邻星）距离的 1/4。我们从未在奥尔特云中看到过彗星，因为我们的望远镜还无法探测到距太阳如此遥远且又如此小的天体。然而，根据进入内太阳系的彗星的数量，科学家估计奥尔特云包含近 1 万亿（10^{12}）颗彗星。这么多的小天体是如何在如此遥远的距离绕太阳运行的呢？想想在类木行星形成区域游弋的冰质残余星子的情况，我们就可以得到唯一具有科学意义的答案了。

在木星、土星、天王星和海王星之间游弋的残余星子注定要与其中一颗年轻的类木行星发生碰撞或密近引力交会。未被吞噬的星子往往会被抛向四面八方，有些可能被高速抛出，完全逃离了太阳系，如今漂流在星际空间中，而留下来的星子最终在与太阳平均距离很远的轨道上运行，这些星子就变成了奥尔特云的彗星。星子被抛出的方向是随机的，而且它们还受到其他恒星的微小引力推动，这就可以解释奥尔特云大致呈球形的原因了。

改变轨道

陨击坑的存在证明了小天体并不总是局限在小行星带、柯伊伯带和奥尔特云内。撞向行星和卫星的天体的轨道一定与行星轨道交叉，而如今仍有许多这样的天体。其中有些天体可能只是行星形成过程中的衍生物，幸运的是，迄今为止它们并没有与行星和卫星发生碰撞，而更多的天体可能曾在小行星带、柯伊伯带或奥尔特云中运行，它们曾密近交会或产生了轨道共振，从而改变了它们之前的运行轨道。

由此我们可以得出这样一个重要的结论：由于类木行星一直是影响太阳系中小天体分布的主要因素，因此它们也是造成如今地球和其他行星上仍在发生的大多数碰撞的最终原因。图 5-22 概述了类木行星是如何影响小天体的轨道，从而影响地球的地质活动和地球上的生物的。

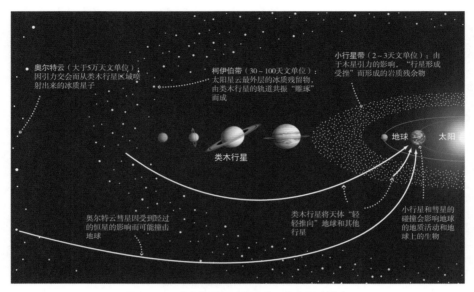

图 5-22　类木行星通过影响小天体来影响地球

注：图片展示了类木行星、小天体和地球之间的关系，此图未按实际比例绘制。类木行星的引力促成了小行星带和柯伊伯带的形成，而奥尔特云由因与大行星引力交会而从类木行星区域喷射出来的彗星组成。持续的引力影响有时会使小行星或彗星飞向地球。

Q4　小行星的撞击会导致人类灭亡吗？

2013 年，俄罗斯车里雅宾斯克的人们突然看到一道耀眼的闪光，一颗此前未被探测到的小行星以超过 6 万千米 / 时的速度进入他们上方的大气层，这让他们大吃一惊（见图 5-23）。据后来估计，这颗小行星的直径约为 20 米，在空中爆炸的威力相当于一枚 50 万吨的核弹。此次小行星爆炸造成 1 000 多人受伤，其中大多数是被冲击波震碎的玻璃所伤，人们在大片区域内发现了小行星散落的碎片。

车里雅宾斯克事件凸显了这样一个事实：即使是相对较小的碰

撞也可能造成损害。更大的碰撞显然会造成更大的损害。例如，1908年，一颗长度约为车里雅宾斯克小行星两倍的小行星在西伯利亚通古斯上空爆炸，爆炸的威力巨大，将周围的森林化为灰烬，如果它的目标是某个大城市，那么成千上万的人可能会因此丧生。

图 5-23 小行星碰撞地球的照片

注：这张照片展示了 2013 年 2 月 15 日在俄罗斯车里雅宾斯克上空爆炸的一颗重达 1 万吨的小行星的流星轨迹。

较大的碰撞与地球上生命的大规模灭绝有关，一颗直径为 10 千米的小行星或彗星碰撞地球，可能会使人类文明毁灭。幸运的是，在我们的有生之年发生这种碰撞的可能性非常小。地质数据显示，这种规模的碰撞发生的平均间隔为数千万年。使人类毁灭的更可能是我们自己，而不是巨大的小行星或彗星。图 5-24 展示了我们预计地球被不同大小的天体撞击的平均频率。

寻找潜在碰撞威胁的几项工作目前正在进行中，但即使我们知道碰撞即将到来，目前还不清楚我们是否可以采取措施来应对。有些人提出的方案是摧毁或转移来袭小行星，但没有人知道目前的技术是否真的能实现。我们只能希望，在我们做好应对准备之前不会面临重大威胁。

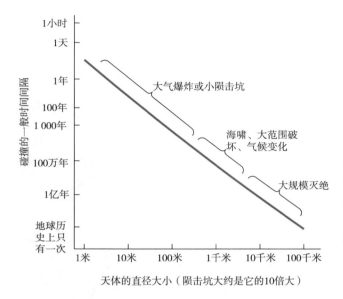

图 5-24　不同大小的天体撞击地球的平均频率

注：这张图显示，大天体（小行星或彗星）撞击地球的频率低于小天体。图中的标记表示不同大小的天体撞击地球产生的影响。

图中文字：
1小时
1天
1年
100年
1 000年
100万年
1亿年
地球历史上只有一次

碰撞的一般时间间隔（纵轴）

大气爆炸或小陨击坑
海啸、大范围破坏、气候变化
大规模灭绝

1米　10米　100米　1千米　10千米　100千米

天体的直径大小（陨击坑大约是它的10倍大）

　　虽然从地球附近经过的小行星可能会带来真正的危险，但它们也可能带来机会。这些小行星为我们带来了宝贵的资源，如稀有贵金属，这些贵金属与地球上的贵金属极为相似。我们也有可能从小行星上收集到燃料和水，这些燃料和水可用于执行飞往外太阳系的任务。NASA 和一些私营公司都在制订前往小行星并从那里带回物质的计划。我们在谈论小行星带来危险的同时也可以谈论它们带来的益处，实现这一点似乎只是时间问题。

Q5　恐龙是因一次碰撞而灭绝的吗？

　　化石记录显示，恐龙在 1 亿多年的时间里一直是地球上的霸主，但在大约 6 500 万年前它们突然灭绝了。事实上，恐龙灭绝似乎只是当时发生的生物灾难的一小部分：当时高达 99% 的动植物死亡，75% 的物种灭绝。这次事件就是大规模灭绝的一个明显例子，大规模灭绝指的是所有生物物种中很大一部分迅速灭绝。是什么导致恐龙和其他物种突然灭绝了呢？如今，主流的假设认为是碰撞，而科学家是如何得出这个假设的呢？

要研究地球上过去发生的事件，就需要仔细考察岩石和化石，并对可能产生我们所观察到的现象的过程进行建模。关于碰撞导致恐龙灭绝的模型就是这样建立起来的。

碰撞的证据

1978年，路易斯·阿尔瓦雷斯（Luis Alvarez）和沃尔特·阿尔瓦雷斯（Walter Alvarez）父子带领的科研团队在分析从意大利采集的地质样本时有了惊人的发现。他们发现，在约6 500万年前（大约是恐龙灭绝的时期）沉积下来的一层很薄的深色沉积物中，铱元素的含量异常丰富。铱是一种金属，在地球表面很罕见，但在陨石中却很常见，因此它可能在小行星和彗星中也很常见。随后他们对世界各地6 500万年前的沉积物进行了研究，在这些沉积物中发现了相同的富铱层（见图5-25）。阿尔瓦雷斯团队基于这一证据提出了假设，即恐龙灭绝是因小行星或彗星碰撞造成的。

从富含铱和烟尘的岩层中，我们得知，在地质和生物历史的这个节点上发生过一次小行星撞击地球事件

图 5-25 富铱层

注：在世界各地，6 500万年前沉积的沉积岩层中都有彗星或小行星撞击地球的证据。恐龙和许多其他物种的化石只出现在富铱层以下的岩石中。

关于碰撞的更多证据来自在富含铱的沉积层中发现的其他 4 个特征：（1）其他几种金属的丰度异常高，包括锇、金和铂；（2）冲击石英颗粒这种石英晶体具有独特的结构，这表明它们曾经历过碰撞产生的高压；（3）熔融岩石的液滴在空气中冷却凝固形成了一种球形岩石液滴；（4）烟尘。

所有这些特征都表明曾发生过碰撞。金属的丰度看起来更像我们在陨石中发现的金属的丰度，而不像在地球表面其他地方发现的金属的丰度；冲击石英颗粒是碰撞地所具有的特征，如亚利桑那州的陨击坑；岩石液滴可能是熔岩在冲击力和热量的作用下飞溅到空气中形成的；烟尘可能来自碰撞碎片引发的森林大火，有些碎片被炸得很高，飞出了大气层，扩散到了各处，随后它们会向下坠落，与大气摩擦升温，最后变成了炽热发光的岩石雨。

关于碰撞更直接的证据是存在一个年龄似乎与沉积层年龄相符的大陨击坑（见图 5-26）。陨击坑的大小表明，它是由一颗直径约 10 千米的小行星或彗星碰撞形成的。

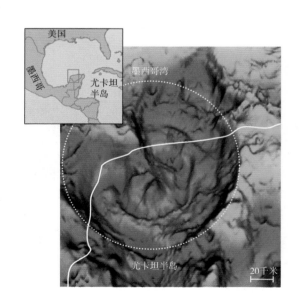

图 5-26　墨西哥尤卡坦陨击坑

注：这张计算机生成的图像展示的是一个横跨墨西哥尤卡坦半岛海岸的陨击坑（虚线圈圈所示），该图像是在测量当地引力强度微小变化的基础上绘制的，插图中的红色框表示该区域在主图中的位置。

灭绝

强有力的证据表明，碰撞发生与物种大规模灭绝发生在同一时间段，但它是如何导致物种灭绝的呢？模型显示，碰撞可能是这样发生的。在大约 6 500 万年前那个灾难性的日子里，小行星或彗星以 1 亿颗氢弹的威力撞击墨西哥（见图 5-27），当时的北美可能立即就被摧毁了。碰撞产生的炽热碎片如雨点般落在世界各地，引发的大火使更多生物丧生。碰撞产生的长期影响更为严重。灰尘和烟雾在大气中停留数周或数月，它们阻挡了阳光，使气温下降，

图 5-27 小行星或彗星正在撞击地球

注：这张图展示的是一颗小行星或彗星在大约 6 500 万年前碰撞地球前的瞬间。这次碰撞可能导致了恐龙的灭绝。

地球像在经历严酷的冬季一样。日照减少会使光合作用停止长达一年之久，从而使整个食物链中的大量物种灭绝。碰撞造成的另一个间接危害是酸雨，它使植被死亡，使世界各地的湖泊酸化。大气中的化学反应可能会产生一氧化二氮和其他化合物，这些化合物溶解在海洋中，使海洋生物死亡。最近的证据还表明，碰撞之后的一段时间内，火山活动非常剧烈，火山活动也许是由碰撞引起的，这可能进一步加剧了碰撞的直接影响。

如果这些模型成立，那么最令人震惊的事实可能是，有些物种成功地幸存了下来，其中有一些哺乳动物。它们之所以能幸存下来，部分原因可能是它们生活在地下洞穴中，它们还设法储存了足够多的食物来熬过碰撞后的冬季。随着恐龙的消失，这些哺乳动物成为这个星球的新霸主，在接下来的 6 500 万年里进化出无数的新物种，包括我们人类。

结论

关于碰撞是恐龙灭绝的唯一原因，还是几个原因之一，科学界仍存在争

议。但毫无疑问，6 500万年前的大灭绝与大碰撞是同时发生的，我们已经探讨了碰撞导致物种灭绝的可能原因。这个案例说明了科学进步的一个关键点。阿尔瓦雷斯团队首次提出此假设时，人们存在很大争议，部分原因是，这是第一次有人提出天文事件可能会改变生物进化的进程。然而，他们提出的证据非常充分，因此被发表在科学期刊上，这激励其他科学家去寻找更多的地质证据来证明或反驳这一碰撞假说，从而更深入地了解这种大碰撞的可能性，并构建碰撞如何影响环境的模型。这些研究表明，在地质时间尺度上，大碰撞不但是可能的，而且是不可避免的。结合已发现的关于碰撞的其他证据以及所构建的大碰撞确实可能导致大规模灭绝的模型，这个曾备受质疑的假设后来得到了人们的广泛认可。

要点回顾
The Cosmic Perspective Fundamentals >>>

- 类木行星比类地行星体积大很多,两者的性质也极为不同。类木行星没有固体表面,而且含有大量的氢、氦和氢化合物。

- 类木行星的许多卫星都有大量曾经或现在发生地质活动的迹象。这可能是因为: 大多数类木行星的卫星都含有冰,而且有些卫星有热源,即潮汐加热。

- 小天体主要分为 3 大类: 小行星带的岩质小行星, 柯伊伯带及奥尔特云的彗星。

- 地球在过去被碰撞过,将来也会被碰撞。碰撞威胁的程度取决于天体的大小: 天体的体积较小,碰撞造成的损害也较小,但碰撞发生的频率较高; 天体的体积较大,则会造成毁灭性的破坏,但这种碰撞非常罕见。

- 碰撞可能不是恐龙灭绝的唯一原因,但显然,大碰撞与 6 500 万年前发生的大灭绝是同时发生的,在这次大灭绝中恐龙灭绝了。

b

20 AU

0.5″

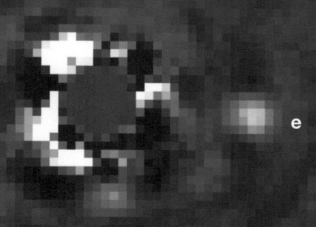

c

e

06 d

太阳系外有"家园"吗

妙趣横生的宇宙学课堂

· 如何寻找太阳系外的"家园"？

· 太阳系外行星有哪些特征？

· "水世界"和"超级地球"如何形成？

· 银河系中的类地行星常见吗？

· 太阳系外行星是如何诞生的？

哥白尼革命告诉我们，地球只是太阳行星系统的一员，在那之后的 4 个多世纪里，我们对行星系统的研究仍局限于地球。后来，在距今不到 30 年的时间里，随着人们首次发现其他恒星周围的行星，一场新的科学革命开始了。

章首页的背景图是用大型双筒望远镜拍摄的，它展示的是绕恒星 HR 8799 运行的 4 颗行星（用 b、c、d、e 来标示）发出的红外光；恒星自身（位于中心）的大部分光在曝光过程中被阻挡了，如实心红圈所示。行星系统在其他恒星周围普遍存在，这一发现具有深远的意义，使我们未来有可能在其他地方发现生命，甚至可能发现智慧生命。它还使我们更多地了解行星的一般性质和它们的形成过程，使我们更深入地了解宇宙的起源。

本章内容，你将探索其他行星系统中令人振奋的科学新发现。

Q1　如何寻找太阳系外的"家园"？

长期以来，科学家一直在怀疑其他恒星也有自己的行星在绕着它们运行，因为这些行星位于太阳系之外，所以被称为太阳系外行星。然而，在过去的 30 年中，科技才发展到了可以寻找这些行星的水平。

虽然寻找工作还处于早期阶段，但已经取得了显著的成就。

　　和行星与其他恒星之间遥远的距离相比，行星极其微小。其次，恒星的亮度通常是绕轨道运行的行星所反射的光的亮度的 10 亿倍，所以在照片中，恒星的光亮往往会使行星黯然失色。尽管如此，科学家已经开始迎接挑战了。

探测太阳系外行星面临着巨大的技术挑战，原因主要有两个。首先，我们在第 1 章中已讨论过，与行星和其他恒星之间遥远的距离相比，行星极其微小。其次，恒星的亮度通常是绕轨道运行的行星所反射的光的亮度的 10 亿倍，所以在照片中，恒星的光亮往往会使行星黯然失色。尽管如此，科学家已经开始迎接这一挑战了。

在少数情况下，科学家可以利用红外光技术直接获得太阳系外行星的图像，但分辨率较低。然而，我们目前对太阳系外行星的了解大多来自各种研究。在这些研究中，我们在没有实际看到行星的情况下，间接地推断出行星的存在。发现和研究太阳系外行星有两种主要的间接途径：

· 观察恒星的运动，探测对恒星造成微弱引力牵引的绕恒星运行的行星。
· 从地球上观察，当行星从恒星前方经过时，观察恒星亮度的变化。

引力牵引

我们通常认为，行星围绕恒星运行时，恒星保持静止，但这只是大致正确的。事实上，恒星系统中的所有天体，包括恒星本身，都围绕着系统的"平衡点"或质心运行。要了解我们是如何利用这一事实发现太阳系外行星的，先想象一下外星天文学家是如何从远处观察太阳系的。

首先，我们只考虑木星对太阳运行路径的影响（见图 6-1）。木星和太阳之间的质心正好位于太阳的可见表面之外，它离太阳很近，因为木星的质量只有太阳的千分之一左右，所以，我们通常认为的木星绕太阳运行的周期为12年，实际上是木星绕这个质心运行的周期为12年。因为太阳和木星总是在质心的两侧（这就是质心成为"中心"的原因），所以太阳也必须以相同的12年周期绕这个质心运行。由于太阳的平均轨道距离只比自己的半径大一点，所以太阳每12年运行的轨道只是一个小椭圆。然而，通过足够精确的测量，外星天文学家可以探测到太阳的这种轨道运动，从而在他们从未见过木星的情况下推断出木星的存在。

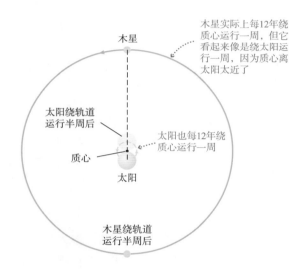

木星实际上每12年绕质心运行一周，但它看起来像是绕太阳运行一周，因为质心离太阳太近了

木星

太阳绕轨道运行半周后

质心

太阳也每12年绕质心运行一周

太阳

木星绕轨道运行半周后

图6-1　在木星引力牵引影响下，太阳和木星的运行轨道

注：这张图展示了太阳和木星是如何围绕它们共同的质心运行的，质心离太阳很近。这张图未按实际比例绘制，与木星的轨道相比，太阳的体积及其轨道的尺寸被放大了约100倍，而木星的体积被放大得更多。

　　其他行星对太阳也有引力牵引作用，每颗行星都会影响太阳的运行，这些影响都添加到木星对太阳的影响上（见图6-2）。原则上，只要对太阳的轨道运动足够精确地测量几十年，外星天文学家就可以推断出太阳系中所有行星的存在。这就是天体测量法的本质，运用天体测量法，我们可以精确地测量恒星在天空中的位置（天体测量的意思是"测量恒星"）。如果恒星绕其平均位置（质心）缓慢"摇摆"，我们就必须观测看不见的行星对它的影响。天体测量法的主要难点在于，我们要寻找的位置变化非常小，即使对近距恒星来说也非常小，对遥远的恒星来说就更小了。此外，对于远离恒星运行的大质量行星来说，恒星的运动是最大的，但这些行星的轨道周期很长，这意味着可能需要几十年才能注意到这种运动。迄今为止，这些难点使天体测量法的运用受限。然而，ESA 于 2013 年发射的"盖亚"（GAIA）探测器正在获取 10 亿颗恒星的天文观测数据，其精度在某些情况下高于 10 微角秒，相当于从 2 000 千米外观察人类头发的角宽度。通过这些观测数据，"盖亚"最终能探测到数以千计的太阳系外行星。

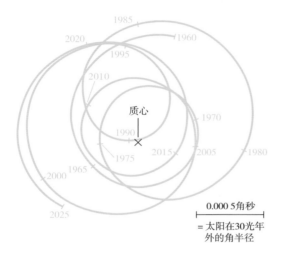

图 6-2　太阳的运行轨道路径

注：这张图展示了在各行星引力牵引作用影响下，太阳在 30 光年外绕太阳系质心运行 65 年（1960—2025 年）的轨道路径。请注意，在此期间太阳的整个运动范围只有大约 0.001 5 角秒，这几乎是哈勃空间望远镜的角分辨率的 0.01。尽管如此，如果外星天文学家能测量这种运动，他们就可以得知太阳系中行星的存在了。

　　寻找对恒星造成引力牵引的绕恒星运行的行星的第二种方法是多普勒法，多普勒法通过寻找恒星光谱中多普勒频移的变化来搜寻恒星绕质心的轨道运动。只要行星的轨道不是正对着我们，行星的引力影响就会使其恒星交替地靠近和远离我们，从而在恒星的光谱中交替产生蓝移和红移（相对于恒星的平均多普勒频移）（见图 6-3）。例如，图 6-4 显示的是一颗名为飞马座 51 的恒星的数据。从这颗恒星 4 天的运行周期可知，绕着这颗恒星运转的行星的轨道周期也为 4 天。这么短的轨道周期说明，这颗行星离它的恒星非常近，这意味着它的表面温度一定很高。通过多普勒数据，我们还可以确定行星的近似质量，因为质量更大的行星对恒星的引力效应更大（对于给定的轨道距离），因此恒星会以更快的速度绕恒星系统的质心运动。就飞马座 51 而言，它的这颗行星的质量约为木星的一半。因此，科学家将这颗行星称为热木星，因为它的质量与木星类似，但表面温度要高得多。

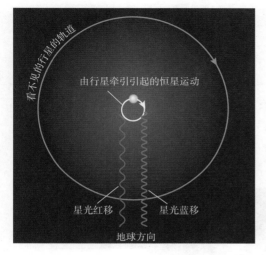

图 6-3　发现太阳系外行星的多普勒法

注：恒星的多普勒频移交替向蓝色和红色移动，这使我们能够探测到恒星绕质心的微小运动，这种运动是由绕其运行的行星引起的。

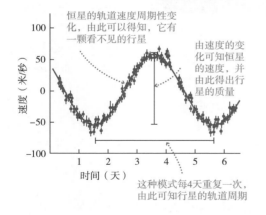

图 6-4　飞马座 51 的一个运行周期

注：恒星飞马座 51 光谱中的周期性多普勒频移揭示了一颗轨道周期约为 4 天的大型行星的存在。图中的点为实际数据点；由点连成的线表示测量不确定度。

多普勒法已被证明非常成功。截至 2018 年，采用多普勒法探测到的行星多达 700 多颗，其中包括多行星系统中的 100 多颗。请记住，由于多普勒法是寻找对恒星造成引力牵引的绕恒星运行的行星，所以它更适用于寻找像木星这样的大质量行星，而不是像地球这样较小的行星。它也最适合识别轨道离恒星相对较近的行星，因为距离更近意味着引力牵引更强以及轨道周期更短。

凌日

拥有行星的恒星中，在小部分（大约 1%）情况下，恒星和行星会偶然处于一条直线上，这样从地球上看，行星每绕恒星一圈就会从恒星前方经过一次。我们把这样的现象称为凌日，凌日会导致恒星系统的亮度出现短暂的小幅下降（见图 6-5）。行星越大，恒星系统的亮度越低。凌日法通过寻找恒星亮度暂时变暗的现象来寻找行星。有些凌日行星因为位于恒星后方，所以也会出现明显的日食现象。日食观测在红外线中更容易实现，因为行星光在恒星系统的红外线亮度中所占比例大于在可见光中所占比例。

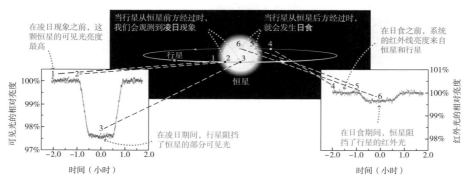

图 6-5　绕恒星 HD 189733 运行的行星的凌日和日食现象

注：图片显示，每次凌日现象持续约 2 小时，在此期间，恒星的可见光亮度下降约 2.5%。日食可以在红外线中观测到，因为恒星阻挡了行星的红外光。凌日和日食现象在行星每 2.2 天的轨道周期内各发生一次。

许多现代望远镜可以同时监测大量恒星来寻找凌日现象。例如，NASA 的"开普勒任务"[1] 在大约 4 年的时间内（2009—2013 年），每 30 分钟测量一次 15 万颗恒星的亮度，目的是寻找表明凌日行星可能存在的亮度变暗现象。当然，我们看到一颗恒星变暗，这并不一定意味着有行星从它前方经过，因为

---

[1] 开普勒任务（Kepler Mission），由 NASA 设计的太空望远镜，用于发现和确认绕其他恒星的类地行星。——编者注

恒星暂时变暗还有许多其他可能的原因，如恒星自身亮度的内在变化。因此，为了确保凌日法探测到的确实是行星，科学家一般有两个依据：（1）观测到的疑似凌日现象必须以规律的周期至少重复3次，表明同一颗行星在每一次轨道运行中都从恒星前方经过；（2）用另一种方法（如多普勒法）进行后续观测，也会发现这颗行星。

许多望远镜都观测到了凌日现象，但截至2018年，绝大多数凌日现象都是"开普勒任务"探测到的，该任务发现了2 500多颗已确认的行星，其中包括几十颗像地球一样的小行星。凌日法也是NASA执行的"凌日系外行星巡天卫星"（TESS）和ESA执行的"系外行星特征探测卫星"（CHEOPS）的主要方法。

图6-6概述了我们讨论过的行星探测的主要方法。

Q2　太阳系外行星有哪些特征?

尽管探测太阳系外行星对我们来说是一个挑战，但我们仍可以了解关于它们的大量信息。通过采用不同的方法，我们可以测定行星的特征，包括轨道周期和距离、轨道偏心率、质量、大小、密度，甚至是行星的大气成分和温度。

轨道的特征

通过3种主要的间接探测方法，我们都能得知行星的轨道周期。一旦得知了行星的轨道周期，我们就可以用开普勒第三定律计算出平均轨道距离（半长轴）。回想一下，行星这样的小天体绕着恒星那样质量大得多的天体运行，对于这样的小天体，这个定律表明了恒星质量、行星轨道周期和行星平均轨道距离之间的关系。

① **引力牵引**：我们可以通过观察恒星微小的轨道运动来探测行星，因为恒星和行星都绕着它们共同的质心运行。恒星的轨道周期与其行星的轨道周期相同，而恒星的轨道速度取决于行星的距离和质量。恒星周围的其他行星都会对恒星的轨道运动产生额外的影响

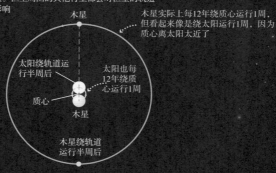

木星实际上每12年绕质心运行1周，但看起来像是绕太阳运行1周，因为质心离太阳太近了

太阳绕轨道运行半周后

质心

太阳也每12年绕质心运行1周

木星

木星绕轨道运行半周后

① a **多普勒法**：当恒星绕质心交替地靠近或远离我们时，我们可以通过观察该恒星光谱中交替产生的多普勒频移来探测其运动。该恒星靠近我们时产生蓝移，远离我们时产生红移

① b **天体测量法**：恒星绕质心的运行轨道会使恒星在天空中的位置发生微小变化。"盖亚"探测器有望用这种方法发现许多新的行星

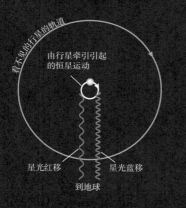

看不见的行星的轨道

由行星牵引引起的恒星运动

星光红移　　星光蓝移

到地球

目前的多普勒频移测量可以探测到小至1米/秒的轨道速度，这个轨道速度相当于人类行走的速度

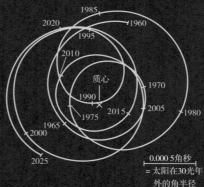

1985
2020　　　　1960
1995
2010
质心
1990　　1970
2015　　2005
1975
1965　　　　1980
2000
2025

0.000 5角秒
= 太阳在30光年外的角半径

如果从10光年远的地方看，太阳视位置的变化相当于从5千米外观察人类头发的角宽度

图 6-6　探测太阳系外行星

注：寻找其他恒星周围的行星是天文学中发展最快、最令人兴奋的领域之一，已知的太阳系外行星数量已达到数千颗。这张图概述了天文学家用来寻找和研究太阳系外行星的主要技术。此图未按实际比例绘制。

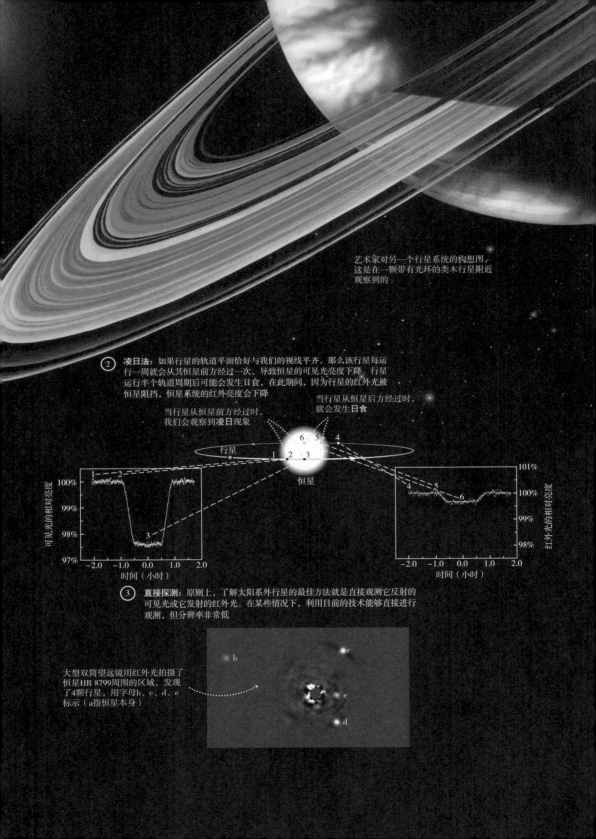

艺术家对另一个行星系统的构想图，
这是在一颗带有光环的类木行星附近
观察到的

② **凌日法**：如果行星的轨道平面恰好与我们的视线平齐，那么该行星每运
行一周就会从其恒星前方经过一次，导致恒星的可见光亮度下降。行星
运行半个轨道周期后可能会发生日食，在此期间，因为行星的红外光被
恒星阻挡，恒星系统的红外亮度会下降

当行星从恒星前方经过时，
我们会观察到凌日现象

当行星从恒星后方经过时，
就会发生日食

行星

恒星

③ **直接探测**：原则上，了解太阳系外行星的最佳方法就是直接观测它反射的
可见光或它发射的红外光。在某些情况下，利用目前的技术能够直接进行
观测，但分辨率非常低

大型双筒望远镜用红外光拍摄了
恒星HR 8799周围的区域，发现
了4颗行星，用字母b、c、d、e
标示（a指恒星本身）

一般情况下，我们可以计算出带有太阳系外行星的恒星的质量。因此，通过恒星的质量和行星的轨道周期，我们就可以计算出行星的平均轨道距离。

此外，通过天体测量法和多普勒法，我们可以计算出行星轨道的偏心率（回想一下，偏心率是衡量椭圆"扁平"程度的指标）。轨道为正圆的行星以恒定的速度绕着其恒星运行，所以恒星以恒定的速度绕着质心运行。恒星速度只要发生变化，我们就可知，行星以不同的速度沿着其轨道运行，因此它的椭圆轨道的偏心率就更大。这样的测量表明，许多太阳系外行星的运行轨道偏心率较大，这使得它们在轨道的一侧时离恒星非常近，而在另一侧时离恒星非常远。

行星的质量

天体测量法和多普勒法可以测量由行星引力牵引引起的恒星运动，因此利用这两种方法，我们都可以根据这种牵引的强度（通过恒星绕质心的速度来测量）估计行星的质量。我们无法通过凌日法得知单颗行星的质量，但在某些情况下，我们可以得到多行星系统中行星的质量，因为一颗行星对另一颗行星的引力牵引会影响凌日的时间。

关于多普勒法还有一个重要的说明。多普勒频移只能揭示恒星朝向或远离我们的部分运动，无法揭示恒星经过我们视线的运动。因此，除非我们碰巧观察到的是轨道的侧面——这种情况会产生凌日现象，否则通过多普勒频移测量的速度会小于整个轨道速度，这意味着我们计算出的质量可能是行星的最小质量（质量的"下限"）。然而，从统计学上讲，在至少 85% 的情况下，行星的实际质量应该不超过其最小质量的两倍，因此通过多普勒法测量的质量，我们可以相对准确地估计大多数行星的质量。

行星的大小和密度

我们可以通过凌日现象来测量行星的半径：行星越大，在凌日期间它阻挡的恒星的光就越多。如果我们通过凌日法得知行星的体积，通过多普勒法或天体测量法得知行星的质量，那么我们就可以计算出行星的密度（见图6-7）。这些计算特别有价值，因为通过密度，我们可以得知行星的整体组成是岩石、气体还是介于两者之间。

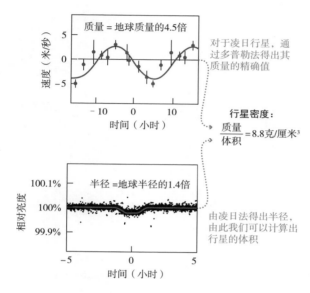

对于凌日行星，通过多普勒法得出其质量的精确值

行星密度：
$$\frac{质量}{体积} = 8.8克/厘米^3$$

由凌日法得出半径，由此我们可以计算出行星的体积

图6-7　行星密度的计算

注：这张图概述了我们将多普勒法和凌日法获得的数据结合起来计算行星平均密度的过程。数据来自开普勒10b行星。最后计算出的密度需将质量换算成克，将体积换算成立方厘米。

大气的组成及温度

借助先进的技术，天文学家可以得知行星的大气和温度。他们通过直接观测已经获得了一些数据，并有望借助可以同时获得太阳系外行星的图像和光谱的新型仪器，获得更多的数据。

我们还可以通过凌日系统识别行星的大气，方法是将行星在其恒星前方（凌日）或后方（日食）时拍摄的光谱与其他时间拍摄的光谱进行比较。这些光谱之间的差异可以揭示由行星大气引起的光谱线，然后利用这些光谱线来识别行星大气中的气体。对日食进行红外观测还可以获得温度数据，因为当行星在其恒星后方时，系统的红外亮度会下降。从红外亮度下降的程度，我们可以得知行星发出了多少红外线，并由此得知行星的温度。表 6-1 概述了我们测量行星性质的方法。

表 6-1　测量太阳系外行星特性的主要方法

	行星的性质	采用的方法	解释
轨道性质	周期	多普勒法、天体测量法或凌日法	直接测量轨道周期
	距离	多普勒法、天体测量法或凌日法	运用开普勒第三定律，根据轨道周期计算轨道距离
	偏心率	多普勒法或天体测量法	根据速度曲线和天体测量的恒星位置得出偏心率
物理性质	质量	多普勒法或天体测量法	基于行星的引力牵引引起的恒星运动量计算质量
	半径	凌日法	基于凌日期间恒星亮度的下降量计算行星半径
	密度	凌日法及多普勒法	将质量除以体积来计算密度（使用凌日法中的行星半径数值）
	大气组成及温度	凌日法或直接探测	从凌日和日食可以获得关于大气成分和温度的数据，在某些情况下也可以进行直接光谱分析

Q3　"水世界"和"超级地球"如何形成？

科学家观察发现，太阳系外的行星有两个最有趣的类别："水世界"和"超级地球"，前者可能主要由水（可能处于不同寻常的阶段）或其他氢化合物组成，后者可能具有与地球类似的岩石或金属成分，但体积比地球稍大。

人类已测量了数量相当大的太阳系外行星，掌握了它们的许多关键特征，这足以使我们深入了解这些行星与太阳系行星之间的异同。

从广义上讲，我们可以从两个视角对太阳系外行星和太阳系的行星进行比较：比较两者的轨道特征，如轨道周期和半长轴；比较两者的物理特征，如质量、体积和密度。这两种类型的比较揭示出太阳系外行星的特征比我们在太阳系中所发现的更加广泛。

太阳系外行星的轨道特征

我们发现，有些太阳系外行星的轨道与太阳系行星的轨道类似，但许多其他行星都有一两种在人们第一次发现时感到相当惊讶的轨道特征。特别是许多质量或体积与木星相似的行星，其轨道离其恒星非常近，在许多情况下比水星离太阳的距离还要近得多。这之所以非常令人惊讶，是因为太阳系中的类木行星都离太阳很远。此外，许多太阳系外行星的偏心率都很大，这与太阳系行星近乎圆形的轨道形成鲜明的对比。我们还发现，在一些系统中，多颗行星紧密地聚集（见图6-8），它们之间的距离有时非常近，致使它们之间的引力牵引非常大。有些太阳系外行星甚至在其恒星的宜居带内运行，从理论上讲，在这个距离范围内，它们的表面可能有液态水海洋存在。

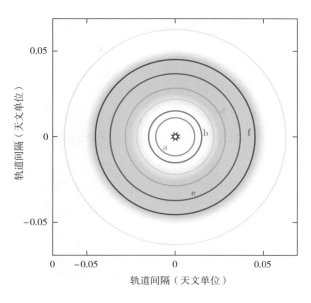

图 6-8　TRAPPIST-1 系统中行星轨道的俯视图

注：这 7 颗行星都与地球一般大小，但它们的轨道与其恒星之间的距离远比水星与太阳之间的距离近（0.38 天文单位）。尽管如此，仍有些行星位于 TRAPPIST-1 恒星的宜居带（绿色所示）内。该恒星的宜居带比太阳的宜居带要小得多，而且更靠近中央的恒星，因为 TRAPPIST-1 恒星的质量比太阳小很多，亮度也比太阳暗很多。

　　请记住，这些"令人惊讶的"行星轨道可能并不像当前数据显示的那样普遍，因为这些数据都是在倾向于寻找运行轨道靠近其恒星的行星的过程中收集起来的。然而，这些令人惊讶的事实还是需要解释的，我们将在下一节中看到，这个问题是如何使科学家意识到星云理论的内涵远比我们仅从太阳系中认识到的要多得多。

太阳系外行星的物理特征和性质

　　我们可以测量的关键物理特征是行星的质量和体积。我们已讨论过，测量这两个特征（因此可以计算密度）是特别有意义的，因为我们可以通过它们了解行星的一般性质。这就出现了一个关键问题：太阳系外行星是否与太阳系中的行星一样可以归类为类地行星或类木行星，或者我们是否发现了其他类型的行星？

　　科学家通过创建模型来解决这个问题，这些模型利用我们对不同物质性能的理解，根据行星的质量和半径推测行星的组成。图 6-9 展示了一颗行星样本的结果，其质量（通过多普勒法得出）和半径（通过凌日法得出）都是已知的。一定要理解该图的以下重要特征：

- 横轴表示行星的质量，以地球的质量为单位。图的顶部显示的是木星质量的等效值。请注意，因为质量的变化范围非常大，横轴的刻度以 10 的幂为单位。
- 纵轴表示行星的半径，以地球的半径为单位。图的右侧显示的是木星半径的等效值。
- 每个点代表一颗质量和半径都已测量的行星。太阳系的行星用绿色标示。该图周围的画展示了艺术家对几个选定行星的构想。
- 你可以根据行星相对于显示代表性密度的 3 条虚线的位置估计其平均密度。
- 根据由质量和半径计算出的模型，彩色区域表示组成成分与一般情况不同的行星。

　　在研究图 6-9 时，要注意太阳系外行星比太阳系的行星更具多样性。在极端情况下，我们发现了平均密度与铁的密度一样大以及与聚苯乙烯泡沫塑料的密度一样低的行星，我们也发现了平均密度介于两者之间的行星。我们看到有些行星的性质似乎与类地行星相似，而另一些行星的特征与木星和土星非常相似，但还有许多行星似乎属于其他类别。例如，有几颗行星聚集在类似太阳系中天王星和海王星附近的地方，它们很可能都由被氢和氦包裹着的氢化合物组成，因此，我们认为这类行星可能不同于类木行星。

最重要的是，太阳系外的行星丰富多样。不像太阳系只有两类明确的"典型行星"，这些太阳系外的行星有更多的类别，难以简单归类。

Q4 银河系中的类地行星常见吗？

我们已经在数千颗恒星周围发现了行星系，但这些恒星只是银河系中 1 000 多亿颗恒星中的一小部分。我们还没有研究过的其余恒星呢？它们周围的行星系是否也很普遍呢？

类似地球的行星也很普遍吗？值得注意的是，我们现在可以开始回答这些问题了，因为"开普勒任务"在银河系中随机观测到了恒星样本。如果这些恒星都有行星系，那么我们就可以用简单的几何知识计算出这些恒星中可能有凌日行星的比例。然后，我们可以利用"开普勒任务"实际发现的数据来预估所有恒星中拥有不同大小行星的比例。

图 6-10 展示了基于"开普勒任务"观测数据的统计研究结果。基于统计结果可以得出两个显而易见的结论：第一，行星很普遍，通过观察不同大小的行星及其类别，天文学家得出结论，至少 70% 的恒星拥有至少一颗行星。第二，这些行星中有很多非常小，这表明地球大小的行星也很普遍。同样，要记住，统计数据仍不完全：轨道较大的行星（这可能指大多数类木行星）和体积较小的行星都很难被发现，现有数据可能低估了不同体积和类别的行星的真实数量。图 6-10 所示的百分比只会随收集数据量的增加而增加。

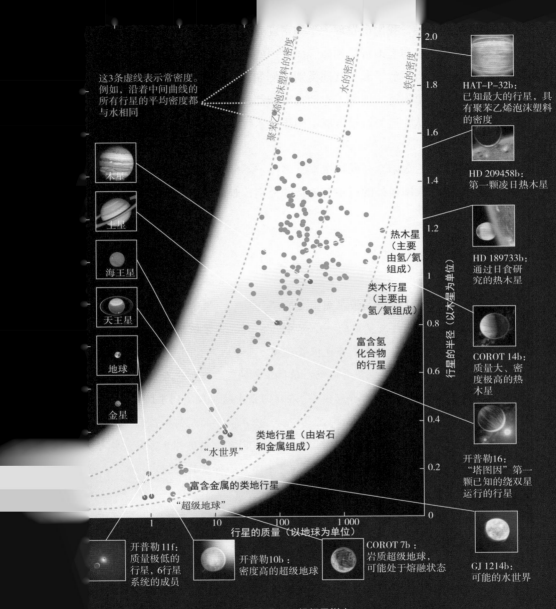

这3条虚线表示常密度。例如，沿着中间曲线的所有行星的平均密度都与水相同

聚苯乙烯泡沫塑料的密度

水的密度

铁的密度

2.0

1.8

1.6

1.4

1.2

1.0

0.8

0.6

0.4

0.2

0

行星的半径（以木星为单位）

HAT-P-32b：已知最大的行星，具有聚苯乙烯泡沫塑料的密度

HD 209458b：第一颗凌日热木星

HD 189733b：通过日食研究的热木星

COROT 14b：质量大、密度极高的热木星

开普勒16："塔图因"第一颗已知的绕双星运行的行星

GJ 1214b：可能的水世界

木星

土星

海王星

天王星

地球

金星

热木星（主要由氢/氦组成）

类木行星（主要由氢/氦组成）

富含氢化合物的行星

类地行星（由岩石和金属组成）

"水世界"

富含金属的类地行星

"超级地球"

1   10   100   1 000

行星的质量（以地球为单位）

开普勒11f：质量极低的行星，6行星系统的成员

开普勒10b：密度高的超级地球

COROT 7b：岩质超级地球，可能处于熔融状态

图 6-9　一组行星样本

我们已测量了部分太阳系外行星的质量和体积，并与太阳系内行星的质量和体积进行了比较。每个点代表一颗行星。虚线是不同质量行星的常密度线。彩色区域表示基于行星组成模型预期行星类型。

图 6-10　恒星样本统计结果

注：这张柱状图展示了基于"开普勒任务"的结果，所有恒星中拥有不同体积和类别的行星的预估比例。因为到目前为止，"开普勒任务"的数据只分析了轨道周期相对较短的行星，因此，随着对更多数据进行研究，这些预估数值几乎肯定会增加。

图 6-11 以另一种方式展示了"开普勒任务"的数据：行星大小与轨道周期的关系图。乍一看，右下角的空白区域似乎表明，在地球般大小的轨道上，地球般大小的行星很少。该图的这一区域缺乏数据点，是因为探测这类行星罕见的浅层凌日现象极其困难。在统计数据上考虑到这些效应，科学家如今估计，大约 20% 的恒星可能拥有一颗大小不到地球两倍的行星在类似地球的轨道上运行着。

总之，统计数据表明，绝大多数恒星都有行星系统，而且许多行星系统都有多颗行星，许多行星的大小还与地球相似，有些类似地球大小的行星也有类似地球的轨道。那么，关于这些行星就只有一个主要问题了：它们的大小和轨道与地球类似，这是否也意味着它们具有与地球类似的条件呢，如大陆和海洋。要回答这个问题，需要新一代强大的望远镜来直接研究这些行星，这意味着要找到这个问题的答案可能还需要几十年的时间。尽管如此，对于类地行星是否普遍的问题，我们很快就会有明确的答案了。

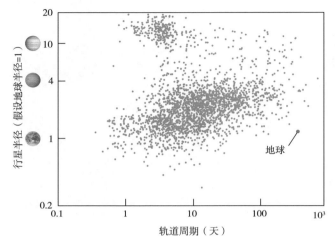

图 6-11　行星体积与轨道周期关系图

注：这张图展示了根据"开普勒任务"的数据确定的行星的轨道周期、体积以及地球的参考点。需要注意的是，虽然许多行星的体积与地球相似，但数据收集的时间不够长，无法识别那些轨道周期与地球一样长的行星。然而，许多地球般大小的行星可能位于其恒星的宜居带，因为它们围绕质量低于太阳的恒星运行。

Q5　太阳系外行星是如何诞生的？

星云理论认为，太阳系的行星是在太阳形成的过程中自然形成的。如果这个理论成立，那么其他恒星也是在同样的过程中诞生的，所以星云理论清楚地预测出了其他行星系统的存在。从这个意义上说，发现太阳系外行星意味着这个理论已经通过了最重要的检验，因为它最基本的预测已经得到了验证。

然而，有些已知的太阳系外行星所具有的特征似乎对星云理论的细节提出了挑战。回想一下，该理论认为类地行星形成于只有岩石和金属可以凝结的温暖区域，而类木行星形成于冰也会凝结的冻结线之外，由此巧妙地解释了太阳系中的两类行星。

那么，我们如何解释那些轨道距离恒星很近，看起来像类木行星的热木星呢？如果太阳系中只有两类行星，那么为什么我们会在其他行星系统中发现更多类别呢？

解释行星轨道

热木星的发现使科学家重新审视星云理论。例如，类木行星可能在离恒星很近的地方形成吗？科学家研究了许多不同的行星形成的可能模型，虽然不能完全排除可能有重大缺陷未被发现，但现在看来，星云理论的基本轮廓很可能是正确的。因此，科学家认为，太阳系外的类木行星生来就具有远离其恒星的圆形轨道，就像太阳系的类木行星一样，但如今那些轨道距离恒星很近的类木行星经历了某种"行星迁移"。

关于太阳系形成的计算机模型提出了迁移可能发生的几种方式。例如，在某些情况下，迁移可能是由气态盘的波引起的（见图6-12）。行星经过气态盘时其引力会产生波，波在气态盘中传播，导致物质在波经过时聚集在一起。物质"聚集"（在波峰中）后对行星施加引力，使其轨道能量减少，导致行星向内朝着恒星

绕轨道运行的行星推动盘中的气体和粒子

导致物质聚集，这些密集的区域反过来牵引行星，使其向内迁移

图 6-12　由经过气态盘的波引起的迁移

注：这张图模拟了嵌入在其恒星周围的物质盘中的行星所产生的波。

迁移。科学家认为，这种类型的迁移在太阳系中没有产生很大影响，因为星云气体在它产生影响之前就被清除了。然而，在其他一些行星系统中，行星可能很早就形成了，或者星云气体很晚才被清除，这样类木行星就有时间向内大幅迁移。行星和大星子之间的近距离引力交会也有可能产生迁移。这样的碰撞也可以解释许多太阳系外行星的偏心轨道。

解释行星的类别

科学家仍不能完全解释太阳系外行星的各种特征，但我们可以设想一些似乎有意义的可能解释。例如，有些富含氢的太阳系外行星的平均密度较低（见图 6-9），这可能仅仅是因为这些行星的轨道离其恒星很近，使其温度上升，而高温又使其大气膨胀。富含氢的高密度行星可以解释为行星比木星捕获了更多的氢和氦，模型显示，这使得行星的引力将其体积压缩变小。"水世界"行星的形成可能也与类木行星类似，只是它们的冰质星子从未有机会捕捉到太多的氢或氦；如果早期的太阳风在"水世界"有时间捕获气体之前将气体吹走，可能就会发生这种情况。解释"超级地球"是个挑战，因为它们的岩石物质比我们想象的要多，而这种物质只占星云物质的一小部分。尽管如此，它们与太阳系类地行星的差异还不够大，不足以使我们质疑整个理论的有效性。

修正后的星云理论

最重要的是，我们发现了太阳系外的行星，这表明星云理论是不完整的。最初的理论可以解释行星的形成以及像我们这样的太阳系的简单构成，但我们需要补充新的特征（如行星迁移和行星基本类型的变化）来解释其他与太阳系不同的构成。对这一事实我们不应该感到惊讶，因为科学理论需要不断修正以适应新的发现。例如，爱因斯坦须修正牛顿的引力理论才能解释在强引力场中观察到的效应；在过去的一个世纪里，原子和亚原子粒子的理论随着新发现不断出现而被修正了无数次。就像在这些情况下一样，对星云理论的修正使我们开始考虑以前没有考虑过的可能性。系外行星的排列形式似乎比我们之前想象的更加多样化。

要点回顾
The Cosmic Perspective Fundamentals >>> ─────

- 我们可以通过天体测量法(寻找恒星位置的微小位移)或多普勒法(寻找多普勒频移所揭示的恒星的来回运动),来探索行星对其恒星的引力效应。

- 我们可以通过探测,确定行星的轨道周期以及其与恒星的距离,还可以了解行星的质量(或最小质量)、体积和平均密度等数据。

- 我们已知的太阳系外行星比太阳系行星具有更多的特征,前者并不完全属于传统的类地行星和类木行星类别。

- 目前的数据表明,行星系统非常普遍,与地球大小类似的行星也很普遍。

- 关于太阳系形成的基本理论似乎很合理,虽然仍有很多谜团需要解开,但我们不需要对太阳系形成的星云理论进行重大修改。

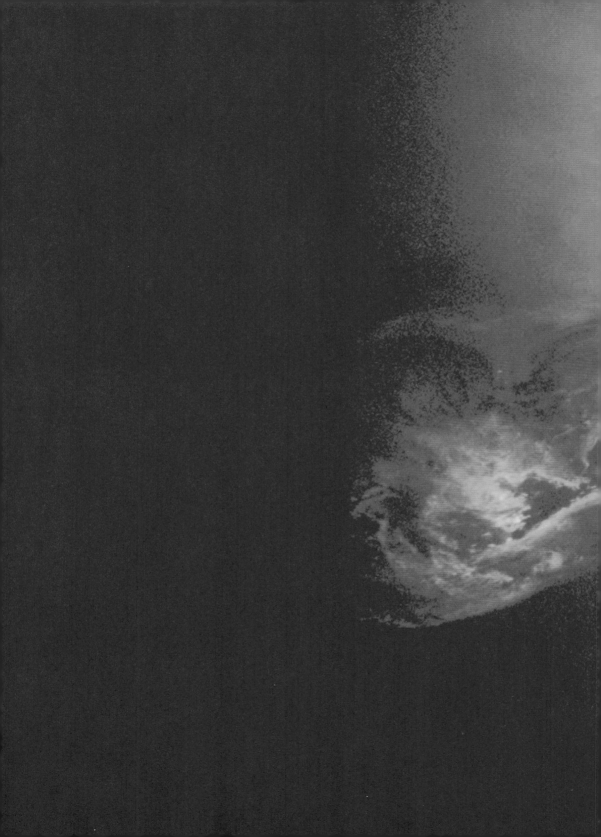

07

恒星的能量来自哪里

妙趣横生的宇宙学课堂

· 太阳为什么会发光?

· 太阳如何源源不断地释放能量?

· 太阳是可替代的吗?

· 太阳到底是什么颜色的?

· 是谁发现了恒星的规律?

现代天文学研究的是整个宇宙，但是 astronomy（天文学）的词根 astro 来自希腊语，意为"恒星"，因此，恒星成了天文学的代名词。章首页背景图展示的是我们在太阳上看到的令人称奇的细节画面。在这张图中，太阳表面喷发出巨大的热气，喷发出的热气引发了"日冕物质抛射"，使高能带电粒子流向地球。在对太阳进行简单了解之后，我们将把注意力转向天空中众多的其他恒星，对太阳及这些恒星的特性进行比较，并了解恒星的这些特性对恒星的生命有何启示。

本章内容，你将学习恒星的相关知识，你可以先从太阳开始，因为它是唯一一颗离我们足够近的恒星，我们可以清晰地对其进行观察。

Q1 太阳为什么会发光？

太阳是距离我们最近的恒星，地球上几乎所有的光和热都来自太阳。在人类历史中，太阳巨大能量的来源很长时间都是一个谜。但如今我们知道，像所有恒星一样，太阳通过其核心的核聚变释放能量而发光。为了理解这一过程是如何发生的，我们先探讨太阳的基本性质，然后讨论核聚变是如何发挥作用的。

太阳的基本性质

无论以什么标准衡量，太阳都是巨大的。虽然太阳在天空中看起来较小，但根据它与地球的距离和角大小，我们得知太阳的半径约为 70 万千米，是地球半径的 100 多倍。即便看起来像是太阳表面黑色斑点的太阳黑子，也可能比地球大（见图 7-1）。我们可以应用开普勒第三定律来计算太阳的质量，太阳的质量大约是 2×10^{30} 千克，是地球质量的 30 万倍，是太阳系所有行星质量总和的近 1 000 倍。

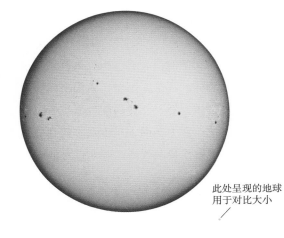

此处呈现的地球
用于对比大小

图 7-1　太阳黑子

注：这张太阳表面的照片展示了几个黑色的太阳黑子，每个太阳黑子都很大，足以吞噬整个地球。

太阳巨大的体积与其释放的巨大能量是相对应的。它的总输出功率，或者说光度，达到了令人难以置信的 3.8×10^{26} 瓦。如果我们能以某种方式捕获并储存太阳的光度 1 秒钟，这样的能量足以满足人类在未来大约 50 万年的能源需求。当然，太阳辐射的光只有一小部分到达了地球，因为它们会从四面八方进入太空。太阳的大部分能量以可见光的形式辐射出去，但太阳也会辐射其他电磁波谱的光，如紫外线和 X 射线。

就组成成分而言，太阳实质上是一个巨大的热气球，更确切地说，是一个等离子体球，即许多原子因高温而电离产生的气体。光谱分析显示，这种等离子体由约 70% 的氢和 28% 的氦（按质量计）组成，其他元素只占约 2%。我们还可以通过仔细研究太阳光谱确定太阳表面的温度，太阳表面的平均温度约为 5 800 开尔文，但太阳黑子那里的气体温度较低，为 4 000 开尔文。太阳内部的温度一定会随着深度的增加而增加，我们从理论模型得知，太阳中心的温度达到了惊人的 1 500 万开尔文。

整个太阳都在自转，但与旋转的球不同，太阳的不同部分以不同的速度自转。太阳赤道地区约 25 天完成一次自转，自转周期随着纬度的增加而增加，在太阳两极附近，自转周期约为 30 天。表 7-1 概述了太阳的基本性质。

表 7-1 太阳的基本性质

项目	数值
半径	69.6 万千米（约为地球半径的 109 倍）
质量	2×10^{30} 千克（约为地球质量的 30 万倍）
光度	3.8×10^{26} 瓦
组成成分（按质量百分比计）	70% 氢、28% 氦、2% 重元素
旋转速度	25 天（赤道）至 30 天（两极）
表面温度	5 800 开尔文（平均值），4 000 开尔文（太阳黑子）
内核温度	1 500 万开尔文

太阳内的核聚变

太阳释放出的巨大能量来自核聚变，在核聚变过程中，两个或更多的原子核猛烈地相互撞击，这使它们结合在一起形成更大的原子核。核聚变反应与地球上核反应堆中的核反应有很大不同，核反应堆中的核反应通过将大原子核（如铀或钚的原子核）分裂成较小的原子核释放出能量，这一过程被称为核裂变。图 7-2 概述了核裂变与核聚变之间的差异。

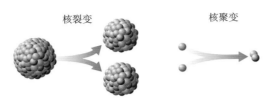

核裂变　　　　　　　核聚变

图 7-2　核裂变与核聚变

注：核裂变将原子核分裂成较小的原子核，而核聚变则将较小的原子核结合成较大的原子核。

核聚变发生在太阳内核深处，在那里，温度为 1 500 万开尔文的等离子体就像一锅热气腾腾的"汤"，带正电的原子核（和带负电的电子）以极快的速度旋转，有些原子核还随时处在彼此高速碰撞的状态中。

在大多数情况下，电磁力使原子核发生偏转，从而防止彼此碰撞，因为正电荷相互排斥。但是，如果原子核碰撞时的能量足够大，它们就可以结合（融合）在一起形成更重的原子核（见图 7-3）。

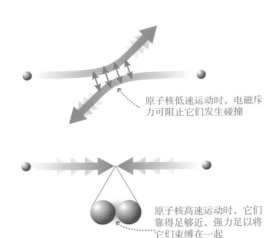

原子核低速运动时，电磁斥力可阻止它们发生碰撞

图 7-3　核聚变原理

注：只有在高速碰撞下，带正电的原子核靠得足够近、强力足以发挥作用时才会发生核聚变。

原子核高速运动时，它们靠得足够近，强力足以将它们束缚在一起

使带正电的原子核结合在一起并不容易。强力可以把原子核中的质子和中子结合在一起，它是自然界中唯一能克服两个带正电的原子核之间电磁斥力的作用力。引力和电磁力会随着粒子间距离的增加而逐渐减弱（根据平方反比定律得出），与它们相比，强力更像胶水或魔术贴：在很小的距离内它比电磁力大，但当粒子间的距离超过原子核通常的尺寸时，它就微不足道了。核聚变的

关键是把带正电的原子核推到足够近的距离，使强力超过电磁斥力。这在太阳内核中是可能发生的，因为高温使氢原子核以极高的速度发生碰撞。

太阳内部总是同时发生着各种不同的核聚变反应。总的来说，这些核聚变反应最终将 4 个单独的氢原子核（质子）转化为一个包含两个质子和两个中子的氦原子核（见图 7-4）。

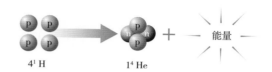

图 7-4 太阳内核的核聚变反应

注：在太阳中，4 个氢原子核（质子）融合成 1 个氦原子核（2 个质子和 2 个中子）。

氢原子核聚变成氦原子核会产生能量，因为 1 个氦原子核的质量比 4 个氢原子核的质量总和略小（约小 0.7%），也就是说，当 4 个氢原子核聚变成 1 个氦原子核时，质量减少了一小部分。这部分减少的质量变成了能量，这符合爱因斯坦著名的公式 $E=mc^2$，从该公式可知，质量（m）可以转化为能量（E），能量（E）等于质量乘以光速（c）的平方。太阳中发生的核聚变每秒将约 6 亿吨氢转化为 5.96 亿吨氦，这意味着每秒有 400 万吨物质转化为能量。虽然这个量听起来很大，但它只是太阳总质量的一小部分，不会对太阳的总质量产生明显影响。

太阳持续将其内核的氢转化为氦，这意味着太阳内核的氢最终会耗尽。由此我们可以估算太阳的总体寿命，方法是将太阳内核最初的氢总量除以当前氢的核聚变速率，由此可知太阳的寿命大约是 100 亿年。由于太阳现在大约有 45 亿年的历史，所以它还将继续发光约 50 亿年。在下一章中，我们将讨论太阳内核的氢耗尽后会发生什么。

Q2 太阳如何源源不断地释放能量？

虽然我们不能直接看到太阳内部，但我们可以利用太阳内部的数学模型来研究能量是如何向外流动的。这些模型与我们对太阳的观测非常吻合，也成功地解释了太阳的体积、表面温度和光度，可以帮助我们来理解太阳能从太阳内核到进入太空的过程。

太阳的内部

太阳内核核聚变释放的几乎所有能量都以伽马射线光子的形式呈现。尽管这些光子以光速传播，但太阳内部深处的等离子体密度非常大，这使光子在与电子相互作用之前，只能在任一方向上传播几分之一毫米。每次光子与电子碰撞，光子就会随机偏转到一个新的方向，并因此随意来回弹跳（有时被称为随机游动，random walk），并且只能非常缓慢地向外运动（见图 7-5）。太阳的核心区域和核心正上方的层称为辐射区（因为光子代表电磁辐射），能量主要由这些随意来回弹跳的光子传输。

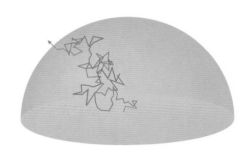

图 7-5　太阳内部随意弹跳的光子

注：太阳内部的光子在电子间随意弹跳，缓慢向外运动。光子的实际路径比图中显示的要复杂得多；光子在最终到达太阳表面之前，已在太阳内部来回弹跳了数十万年。

在辐射区的顶部，温度已经下降到约 200 万开尔文，在此处太阳等离子体更容易吸收光子，而不仅仅使它们随意弹跳。这种吸收创造了对流所需的条件，因此这一区域可以代表太阳对流区的底部。回想一下，对流之所以发生，是因为热气体的密度小于冷气体。就像热气球一样，等离子体的热气泡通过对流区向上升，而靠近顶部较冷的等离子体在上升的气泡周围滑动并下沉。热等离子体的上升和冷等离子体的下沉形成了一个循环，将能量从对流区的底部向外传输到太阳表面或光球层。这种对流气体可以解释为什么我们会在太阳表面的放大图像中看到光球层的斑驳外观（见图 7-6）。

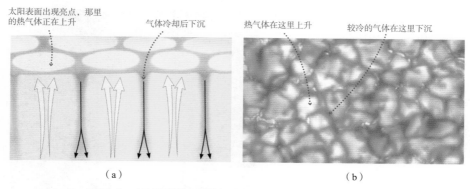

图 7-6　太阳的光球层随热气体上升和冷气体下沉而上下翻滚

注：图（a），太阳表面下的对流，热气体（黄色箭头所示）上升，而较冷的气体（黑色箭头所示）在其周围下沉。图（b），太阳光球层斑驳的外观，每个亮点的直径约为 1 000 千米，与图（a）中上升的热气体相对应。

由于辐射和对流携带的能量缓慢向外传播，核聚变释放的大部分能量需要几十万年才能到达光球层并逸入太空。然而，还有很小一部分的核聚变能量是以极轻的亚原子粒子的形式释放的，这种亚原子粒子被称为中微子。中微子的一个决定性特征是，它们几乎不以任何方式与其他物质发生相互作用，哪怕这些物质的密度与太阳内部物质的密度一样大也是如此。因此，核聚变释放的中微子以接近光速的速度直接从太阳核心向外传播，它们在被释放几分钟后就能到达地球。这意味着科学家可以利用灵敏的中微子探测器来监测太阳核心的情况。中微子探测器的观测结果与我们构建的核聚变模型和太阳内部模型所做的预测一致，这使我们更加确信，我们确实知道什么使太阳发光。

太阳大气

一旦太阳内部释放的能量到达光球层，它就能以热辐射的形式直接逃逸到太空中。因为光球层上方的气体层对可见光是透明的，因此，光球层是太阳的可见表面。光球层上方的透明层被称为色球层，色球层的温度上升到了 9 000 开尔文以上。色球层的上方是日冕，日冕的温度超过 100 万开尔文。日冕顶部的气体温度非常高，因而会发出 X 射线，有些气体通过被称为太阳风的带电粒子流的外流逃离太阳。图 7-7 的示意图展示了太阳的各个层。

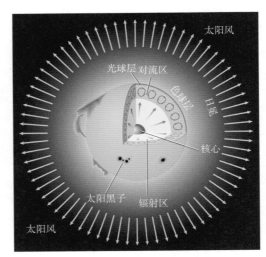

图 7-7　太阳的基本结构

在太阳表面及其上方，我们观察到各种各样的现象，如光球层中的太阳黑子，连接太阳黑子对的巨大发光气体环，以及像太阳耀斑和日冕物质抛射这样的巨大喷发。所有这些特征都是由磁场产生的，磁场在对流区的对流等离子体中很容易形成和发生变化。太阳黑子出现在磁场抑制对流的地方，磁场抑制对流会使太阳表面的等离子体冷却，并阻止周围的热等离子体混合到温度较低的区域，这就是太阳黑子明显比光球层其他部分的温度低（并且看起来更暗）的原因。连接太阳黑子对的环是一种磁场线，它捕获了日冕高处的灼热气体（见图 7-8）。当被抑制的磁场能量突然释放到太阳大气中时，就会产生耀斑和日冕物质抛射。这些现象会影响地球，因为它们向太阳风中注入了高能的带电粒子。当这些带电粒子与地球高层的大气分子碰撞时，就会产生美丽的极光。

我们在太阳大气中观察到的现象在相对较短的时间内就会发生变化，因而构成了我们所称的太阳活动（或太阳天气）。太阳活动最显著的规律是太阳黑子周期，即太阳黑子平均数量逐渐上升和下降的周期（见图 7-9）。在太阳活动极大期，太阳黑子最多的时候，我们可能一次看到几十个太阳黑子。相反，在太阳活动极小期，我们可能很少或根本看不到太阳黑子。太阳活动极大期之间的时间间隔平均为 11 年，但我们观察到这个周期短至 7 年、长至 15 年，也有一些时期，我们在几十年里都没看到太阳黑子。

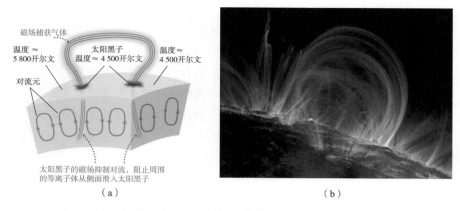

（a）　　　　　　　　　　　（b）

图 7-8　连接太阳黑子对的磁环捕获了日冕高处的灼热气体

注：图（a），太阳黑子对由紧密缠绕的磁场线连接在一起，强磁场使太阳黑子比周围的光球层温度低，而磁环可以从太阳黑子拱起到太阳表面以上很高的地方。图（b），这张 X 射线照片是由 NASA 的太阳过渡区与日冕探测器（TRACE）拍摄的，该照片显示热气体被困在环形磁场线中。

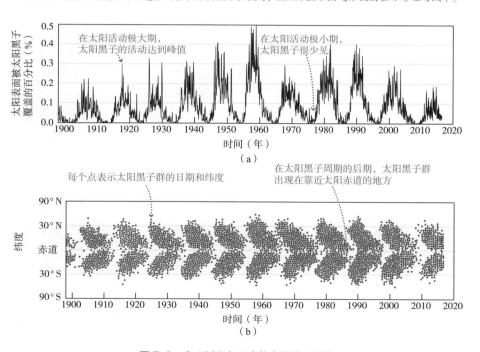

图 7-9　自 1900 年以来的太阳黑子周期

注：图（a）展示了太阳黑子的数量是如何随时间变化的，纵轴表示太阳表面被太阳黑子覆盖的百分比，太阳活动周期约为 11 年。图（b）展示了在太阳黑子周期中，太阳黑子群出现的纬度是如何变化的。

Q3　太阳是可替代的吗？

　　当我们把注意力从太阳转向天空中的其他恒星时，自然就会想，如果地球绕着另一颗恒星运行，生命会是什么样子。白天的星星会有多亮？洒落在地球表面的星光会是什么颜色？这颗恒星的寿命是否足以让生命得以繁衍？我们在接下来学习恒星的性质时，会揭晓一部分答案。

　　我们对太阳以外恒星的了解大多来自对 3 个基本性质的测量：光度、表面温度和质量。我们已经了解了太阳的这些性质，接下来我们探讨如何确定其他恒星的这些性质。

测量光度

　　如果你在晴朗的夜晚来到户外，你立刻就会看到恒星的亮度是不同的。有些恒星非常明亮，我们可以用它们来识别星座；有些则非常暗淡，我们用肉眼根本看不到。然而，恒星亮度的差异并不能告诉我们恒星产生了多少光，因为亮度还取决于距离。例如，南河三和参宿四在天空中看起来差不多一样明亮，但实际上参宿四发出的光的强度是南河三的 1.5 万倍。因为它离我们远得多，所以在天空中看起来与南河三的亮度差不多。

　　因为两颗看起来相似的恒星产生的光量可能相差很大，所以我们需要清楚地区分恒星在天空中的亮度以及它们向太空辐射的实际光量（见图 7-10）：

· 当我们谈论恒星在天空中看起来有多亮时，我们指的是恒星的视亮度，即恒星在我们眼中的亮度。

· 当我们不考虑恒星的距离而谈论恒星在绝对意义上有多亮时，我们指的是恒星的光度，即恒星向太空辐射的总能量。

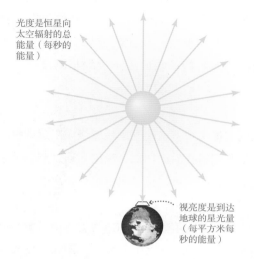

光度是恒星向太空辐射的总能量（每秒的能量）

视亮度是到达地球的星光量（每平方米每秒的能量）

图 7-10　恒星的视亮度与光度

注：光度度量的是能量，视亮度度量的是单位面积的能量。此图未按实际比例绘制。

恒星或任何其他光源的视亮度取决于其光度和它们与地球的距离。更具体地说，视亮度遵循距离的平方反比定律（见图 7-11），与计算引力的平方反比定律十分类似。例如，如果我们从 2 倍于地球的距离观察太阳，太阳会变暗为原来的 1/4。如果我们从 10 倍于地球的距离观察太阳，它会变暗为原来的 1/100 倍。我们可以用一个简单的公式来表达这种关系，这个公式称为光的平方反比定律：

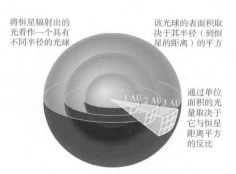

将恒星辐射出的光看作一个具有不同半径的光球

该光球的表面积取决于其半径（到恒星的距离）的平方

通过单位面积的光量取决于它与恒星距离平方的反比

1 AU 2 AU 3 AU

图 7-11　恒星的视亮度随距离的平方而下降

$$视亮度 = \frac{光度}{4\pi \times 距离^2}$$

因为光度的标准单位是瓦，所以视亮度的单位是瓦 / 米 ^{2}。公式中的 4π 来自球体表面积的公式：球体的表面积 $= 4\pi \times$ 半径 ^{2}。

如果我们先测量恒星的视亮度和距离，我们就可以利用光的平方反比定律来计算恒星的光度。利用现代仪器测量视亮度比较容易，因为只需要测量每平方米从恒星接收到的光量，而我们面临的艰难挑战是测量恒星的距离。

测量恒星距离最直接的方法是利用恒星视差，即利用地球绕太阳运动引起的恒星视位置每年的微小变化。正如我们将在后面详细讨论的，通过测量恒星由于视差而产生的年度位移的精确数量，我们可以计算出恒星的距离。

根据恒星的视亮度和距离计算出恒星的光度后，我们通常会将恒星的光度与太阳的光度进行比较，太阳的光度简写为 L_{sun}（太阳光度）。例如，比邻星是半人马座阿尔法星系的三颗恒星中最近的一颗，也是除太阳外离地球最近的一颗恒星，其光度约为太阳的 0.000 6，即 0.000 6 太阳光度。参宿四是猎户座左肩部一颗明亮的恒星，其光度为 12 万倍太阳光度。通过对许多恒星光度的研究，我们得知恒星的光度范围广，太阳的光度位于中间位置。最暗的恒星的光度约为太阳光度的万分之一（$10^{-4} L_{Sun}$），这种光度的恒星非常普遍；而最亮的恒星的光度约为太阳光度的 100 万倍（$10^6 L_{Sun}$），这种光度的恒星非常罕见。

测量表面温度

测量恒星的表面温度比测量它的光度要容易一些，因为恒星的距离不会对测量产生影响。需要注意的是，表面温度是唯一可直接测量的恒星温度，恒星内部的温度必须根据恒星内部的数学模型进行推断。

我们根据恒星的颜色或光谱确定恒星的表面温度。图 7-12 显示，恒星的颜色各种各样。恒星的颜色不同是因为它们发出热辐射，而热辐射光谱只取决于发出热辐射的天体的表面温度。例如，太阳的表面温度为 5 800 开尔文，这使它在光谱可见光部分的中间发出最强的辐射，这就是太阳看起来是黄色或白色的原因。温度较低的恒星，如参宿四，其表面温度为 3 650 开尔文，它看起来是红色的，这是因为它发出的红光比蓝光多得多。温度较高的恒星，如天狼星，其表面温度为 9 400 开尔文，它发出的蓝光比红光多，因此呈现为蓝色。

图 7-12　各种颜色和亮度的恒星

注：这张哈勃空间望远镜拍摄的照片显示的是各种各样的恒星，它们的颜色和光度各不相同。在这张照片中，大多数恒星的距离大致相同，距离银河系中心约 2 000 光年。

通过深入研究恒星的光谱线，我们可以更精确地测量其表面温度。恒星如具有高度电离元素的光谱线，其温度一定很高，因为电离原子需要很高的温度；恒星如具有分子光谱线，其温度一定相对较低，否则分子就会分裂成单个原子。因此，通过分析恒星光谱类型，我们可以直接获得恒星的表面温度。

天文学家根据恒星的表面温度对其进行分类，方法是根据恒星光谱线确定光谱类型。最热（最蓝）的恒星被称为光谱型 O，随后按表面温度降序排列依次为光谱型 B、A、F、G、K 和 M（见表 7-2）。天文学家有时会在字母后面加上 0 到 9 的数字来细分光谱类型。例如，太阳的光谱类型是 G2，这意味着它比 G3 恒星的温度略高，但比 G1 恒星的温度略低。

表7-2 光谱序列

光谱类型	示例	吸收线的主要特征	最亮波长（颜色）	温度范围	典型光谱（所选谱线已标记）
O	猎户座腰带的恒星	电离氦线、弱氢线	<89纳米（紫外线）①	>33000开尔文	
B	参宿七	中性氦和氢线	89~290纳米（紫外线）①	10000~33000开尔文	
A	天狼星	极强氢线	290~390纳米（紫色）①	7500~10000开尔文	
F	北极星	氢线、电离钙线	390~480纳米（蓝色）①	6000~7500开尔文	
G	太阳、半人马座阿尔法恒星A	弱氢线、强钙离子线	480~560纳米（黄色）	5200~6000开尔文	
K	大角星	中性和单电离原子及某些分子的谱线	560~780纳米（红色）	3700~5200开尔文	
M②	参宿四、比邻星	强分子线	>780纳米（红外线）	<3700开尔文	

谱线标记：氢、钙离子、氧化钛、钠、氧化钛

注：①温度高于6000开尔文的恒星在人类肉眼看来或多或少都是白色的，因为它们在所有可见光波长上都发出大量辐射。

②天文学家还为类星体（通常是褐矮星）定义了光谱类型L、T和Y，这些光谱类型的天体比M型恒星的温度更低；因为它们的质量太小，无法维持其核心的核聚变。

恒星表面温度的变化范围比光度的变化范围要窄得多。表面温度最低的恒星的光谱类型为 M，其表面温度在某些情况下会低于 3 000 开尔文；表面温度最高的恒星的光谱类型为 O，其表面温度可超过 4 万开尔文。温度较低的红色恒星比温度较高的蓝色恒星更常见。

测量质量

恒星的质量通常比其表面温度或光度更难测量。确定恒星质量最可靠的方法是通过开普勒第三定律。回想一下，只有当我们观察到一个天体绕另一个天体运行时，这个定律才适用，而且它要求我们同时测量轨道天体的轨道周期和平均轨道距离。对于恒星来说，这些要求往往意味着我们只能在双星系统中应用该定律来测量质量，因为在双星系统中，两颗恒星相互绕对方运行。

在双星系统中，一颗恒星偶尔会遮住另一颗恒星，这对测量恒星的质量特别有帮助，因为我们知道恒星的轨道与我们的视线在同一平面上（见图 7-13）。因此，通过测量多普勒频移，我们可以得知恒星真正的轨道速度，因为在部分轨道上它们直接朝向我们移动或直接远离我们。将速度测量结果与轨道周期（其中一颗恒星两次被遮挡之间的时间）结合起来，我们就可得出平均轨道距离。利用轨道周期和平均轨道距离，我们就可以运用开普勒第三定律计算恒星的质量。需要注意的是，这种方法实质上与用于计算经历凌日的太阳系外行星质量的方法相同。

- 趣味问答 -

天文照片一定是真实的吗？

天文照片可传递大量信息，但它们也包含不真实的伪影。例如，明亮恒星周围可见的尖峰是星光与望远镜中支撑副镜的支架相互作用产生的伪影。而且恒星在照片中看起来大小不同，只是因为明亮的恒星曝光过度，它们的光比暗淡恒星的光在图像中溢出的区域更大。这些伪影有时也很有用：恒星的体积不同使我们更容易识别较亮的恒星，而且尖峰通常只出现在像恒星这样的点光源上，这意味着你可以借此来区分照片中的恒星（有尖峰）和遥远的星系（没有尖峰）。

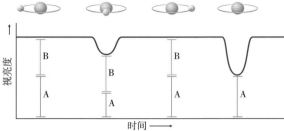

我们可以看到来自恒星A和恒星B的光

我们可以看到来自恒星B的所有光，以及来自恒星A的部分光

我们可以看到来自恒星A和恒星B的光

我们只能看到来自恒星A的光（恒星B被遮住了）

图 7-13　双星系统的视亮度

注：如果双星系统中的恒星轨道与我们的视线在同一平面上，两颗恒星就会偶尔相互遮挡，导致我们测量的系统视亮度暂时下降。这种类型的双星系统特别有利于测量恒星的质量。

对包含许多不同质量的恒星的众多双星系统进行仔细观察，有助于确定恒星的总体质量范围。这个质量范围从小至太阳质量的 0.08，到至少是太阳质量的 150 倍。我们将在后面的章节中探讨产生这个质量范围的原因。

Q4　太阳到底是什么颜色的？

我们已经看到，恒星的光度、表面温度和质量的变化范围都很大。但是这些特征是在恒星中随机分布的呢，还是蕴含着某种规律？

如果仔细观察这些恒星，再看一看图 7-12，想一想如何对这些恒星进行分类，你就会注意到几个重要的规律：

· 最亮的恒星大多数呈红色。

· 除数量相对较少的明亮的红色恒星外，其他恒星的光度和颜色都呈现这样的总体规律：较亮的恒星是蓝色或白色的，像太阳一样亮度适中的恒星是黄色的，在最暗的恒星上几乎看不到红色斑点。

请记住，通过颜色，我们可以得知恒星的表面温度：蓝色的恒星温度较高，红色的恒星温度较低。通过这些规律，我们可以了解恒星的表面温度和光度之间的关系。仔细研究这些关系，我们发现恒星可分为 3 大类。

主序星

虽然在图 7-12 中非常明亮的红色恒星很突出，但照片中的大多数恒星都遵循这样的规律，即颜色越红，表面温度就越低，光度也越低；颜色越蓝，表面温度就越高，光度也越高。我们将在下一章中看到，遵循这一规律的恒星都有这样一个重要的共同特性：像太阳一样，这些恒星通过其核心的氢聚变产生能量。这样的恒星被称为主序星。由于这些恒星的光度依赖于其表面温度，而表面温度又是由光谱类型决定的，因此我们只需确定主序星的光谱类型，就可以推断出其光度。

对可测量质量的主序星（双星系统中的主序星）进行的观测表明，它们的光度和表面温度与其质量密切相关。光谱类型为 G 的恒星，质量接近太阳质量，光度接近太阳光度，表面温度接近太阳的表面温度，即 5 800 开尔文，它们大致处于每种特性范围的中间位置。温度最低的主序星，即光谱类型为 M 的主序星，其质量小于太阳质量的 0.3，光度小于太阳光度的 0.01，表面温度小于 3 500 开尔文。在另一端，光谱类型为 O 的炽热恒星，其质量比太阳质量大 20 倍左右，光度超过太阳光度的 3 万倍，表面温度高于 3 万开尔文。

我们可以根据这些恒星的质量和亮度，估算它们的寿命，就像估算太阳的寿命一样。回想一下，太阳诞生时，其核心的氢燃料足够维持大约 100 亿年的寿命。现在想一想，光谱类型为 B 的恒星，其质量为太阳质量的 10 倍，光度为太阳光度的 1 万倍。虽然它最初的燃料量是太阳的 10 倍，但其消耗燃料的速度比太阳快 1 万倍，所以它的寿命肯定只有太阳寿命的千分之一，也就是大约 1 000 万年。从宇宙学上讲，这个时间非常短，这也是大质量恒星如此罕见的一个原因：曾经诞生的大多数大质量恒星早已消亡。

在这一尺度的另一端，质量为太阳质量 0.3 的恒星，其光度仅为太阳光度的 0.01，因此其寿命大约是太阳的 0.3/0.01，即 30 倍，也就是 3 000 亿年。在如今已有约 140 亿年历史的宇宙中，即使是在光谱类型为 M 的小而暗淡的红色恒星中，依然存在最古老的恒星，这些恒星将在未来数千亿年继续发出微弱的光。图 7-14 比较了主序星中 4 颗恒星样本的这些特性。

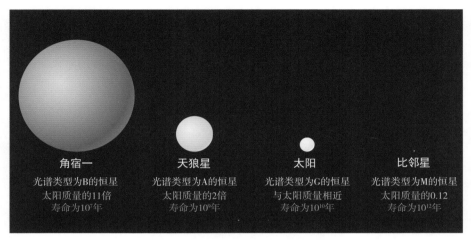

图 7-14　主序星中的 4 颗典型的氢聚变恒星

注：主序星中的 4 颗典型的氢聚变恒星，这 4 颗恒星是按比例显示的。需要注意的是，质量大的恒星比质量小的恒星温度更高、光度更高，但寿命更短。

巨星和超巨星

图 7-12 中明亮的红色恒星并不遵循我们在主序星中发现的规律。事实上，由于这些恒星比太阳更红，虽然它们的光度比太阳要高很多，但它们的表面温度一定比太阳低。表面温度相对较低的这些恒星的光度怎么会如此高呢？请记住，恒星的表面温度决定了它在单位表面积内发出的光量：表面温度较高的恒星在单位表面积内发出的光比表面温度较低的恒星多得多。例如，同样大小的蓝色恒星发出的总光量要比红色的恒星多很多。因此，表面温度较低的红色恒星只有在表面积非常大的情况下，光度才会很高。

我们得出的结论是，这些非常明亮的红色恒星在体积上一定比太阳大很多。这些大恒星根据它们的大小被称为巨星或超巨星。巨星的半径是太阳的

10 到 100 倍，超巨星甚至可以更大。例如，毕宿五是一颗巨星，其半径是太阳的 40 多倍，位于猎户座左肩的参宿四是一颗巨大的超巨星，其半径为太阳半径的约 1 000 倍，相当于日地距离的两倍多（见图 7-15）。我们现在已知巨星和超巨星耗尽了核心的氢燃料，正接近生命的尽头。

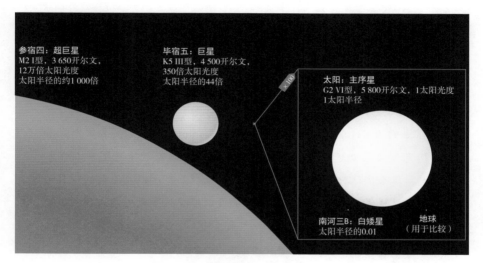

图 7-15　巨星和超巨星与太阳的比较

注：像参宿四这样的超巨星能将内太阳系占满，并向外延伸占据木星轨道的 80% 以上。像毕宿五这样的巨星能占据水星轨道内空间的一半。太阳的半径比白矮星大 100 倍，而白矮星的大小与地球大致相同。

白矮星

　　第三大类恒星由我们所说的白矮星组成。这些天体非常暗淡，因而在图 7-12 中看不到。典型的白矮星，如南河三 B，光度只有约 0.001 太阳光度，但表面温度比太阳还要高。温度如此高却又如此暗淡，南河三 B 的体积一定比太阳小得多（见图 7-15）。事实上，大多数白矮星的半径接近于地球的半径，然而它们的质量与太阳接近。这说明，白矮星中的物质一定会因挤压而密度极高，这与地球上发现的任何物质都不同。

白矮星之所以体积小且温度高，是因为它们是巨星耗尽可用燃料、外层被吹走后的余烬。它们温度很高，是因为它们本质上是裸露的恒星核心，它们很暗淡，是因为它们没有持续的能量来源，只能将剩余的热量辐射到太空中。

Q5　是谁发现了恒星的规律？

恒星规律的发现始于 19 世纪末，当时爱德华·皮克林（Edward Pickering）是哈佛大学天文台的主任。他对研究恒星光谱和恒星光谱的分类很感兴趣，但这项工作既烦琐又耗时，于是他雇了很多助手，并称他们为 "computer"[①]。他的许多 "computer" 是在韦尔斯利和拉德克利夫等女子学院学习过物理或天文学的女性（见图 7-16）。当时，像哈佛这样的机构不允许女性担任教职，所以皮克林的项目为这些女性提供了难得的机会，使她们可以继续从事天文学工作。

图 7-16　皮克林和他的助手们

注：1913 年，女性天文学家与皮克林在哈佛大学天文台合影。后排左起第五位是安妮·江普·坎农。

---

① "computer" 一词可以追溯到 17 世纪初，意思是 "计算者"。这些从事科学计算工作的人学识渊博，有的本身就是科学家。——编者注

改进光谱类型

威廉明娜·弗莱明（Williamina Fleming）是最早的"computer"之一。按照皮克林的建议，她根据氢谱线的强度对恒星光谱进行了分类：氢谱线最强的为 A 型，氢谱线稍弱的为 B 型，以此类推，氢谱线最弱的为 O 型。随着获取的恒星光谱越来越多，以及对光谱的研究越来越细致，这种仅仅基于氢谱线的分类方案明显是不充分的。最后，寻找更好的分类方案的任务落到了安妮·江普·坎农（Annie Jump Cannon）身上，她于 1896 年加入了皮克林的团队。在弗莱明和皮克林的另一个"computer"安东尼娅·毛里（Antonia Maury）的研究基础上，坎农很快意识到，光谱的类别是按照自然顺序排列的，而不是仅根据氢谱线确定的字母顺序排列。此外，她发现原有的一些类别与其他类别重叠，可以取消。坎农还发现，自然序列只包含皮克林最初提出的 OBAFGKM 序列中的几个类别。我们如今知道，OBAFGKM 这个序列代表表面温度的序列。这一突破为我们现代对恒星性质的理解奠定了基础。

赫罗图

大约在坎农改进光谱类型的同时，丹麦天文学家埃纳尔·赫茨普龙（Ejnar Hertzsprung）和美国天文学家亨利·诺里斯·罗素（Henry Norris Russell）开创性地提出了一种新方法来分析光谱类型与光度之间的关系。基于坎农和其他人的研究，他们决定自己绘制恒星性质的图表，将恒星的光度作为一个轴，将光谱类型作为另一个轴。这些图表最终揭示了恒星性质的基本规律，现在被称为赫罗（H-R）图。目前这些图表仍然是天文学研究中最重要的工具之一，也是我们研究恒星的核心。图 7-17 展示了我们构建赫罗图的过程，同时还展示了一张完整的赫罗图。请注意，恒星在赫罗图上的位置只取决于它的表面温度和它的光度：

· 表面温度。横轴上为表面温度，表面温度也与光谱类型和颜色对应。请注意，表面温度从左到右依次递减，遵循光谱序列 OBAFGKM。

① **赫罗图是一个图**：恒星在横轴上的位置表示其表面温度，这与它的颜色和光谱类型密切相关。恒星在纵轴上的位置表示光度

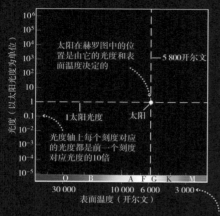

太阳在赫罗图中的位置是由它的光度和表面温度决定的

5 800开尔文

1太阳光度

太阳

光度轴上每个刻度对应的光度都是前一个刻度对应光度的10倍

表面温度在横轴上向后变低，左边是炽热的蓝色恒星，右边是低温的红色恒星

② **主星序**：太阳位于主星序上，主星序是一条恒星线，从图的左上方延伸到右下方。大多数恒星都是主序星，它们通过核心的氢聚变为氦而发光

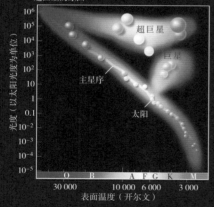

主星序

太阳

这些图上恒星的体积表明了总体趋势，但恒星实际体积的差异远远大于图中所示

③ **巨星和超巨星**：在相同的表面温度下，赫罗图右上方的恒星比主序星更加明亮，因此，它们的半径一定非常大，这就是它们被称为巨星或超巨星的原因

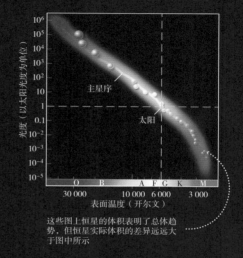

超巨星

巨星

主星序

太阳

④ **白矮星**：左下方的恒星表面温度高、光度低、半径小。这些恒星被称为白矮星

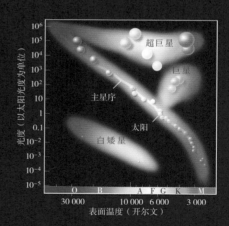

超巨星

巨星

主星序

太阳

白矮星

图 7-17　解读赫罗图

注：赫罗图是天文学中非常重要的工具，因为它揭示了恒星性质之间的关键关系。赫罗图是根据恒星的表面温度和光度绘制的。这张图展示了构建赫罗图的步骤。此图未按实际比例绘制。

⑤ **主星序上恒星的质量**：主星序上恒星的
   质量（紫色标注）从左上到右下递减

⑥ **主星序上恒星的寿命**：主星序上恒星的寿命（绿
   色标注）从左上到右下递增：大质量恒星寿命更
   短，因为它们的光度大，这意味着它们消耗核燃
   料的速度更快

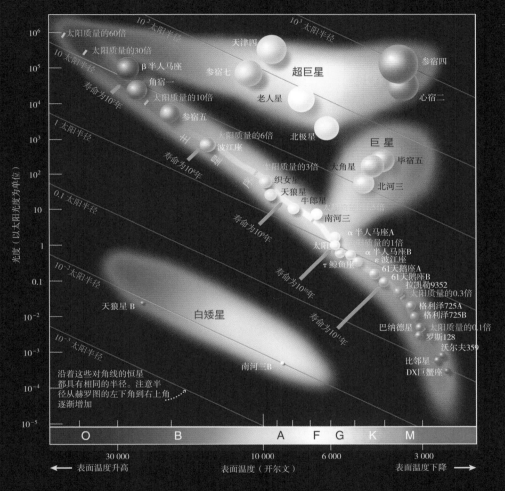

沿着这些对角线的恒星
都具有相同的半径。注意半
径从赫罗图的左下角到右上角
逐渐增加

· 光度。纵轴上为光度，光度以太阳光度为单位。由于恒星的光度跨度很大，
　每个刻度代表的光度是其下方刻度代表的光度的 10 倍。

赫罗图上的每个位置都代表光谱类型和光度的独特组合。例如，图 7-17
中代表太阳的点对应的太阳光谱类型为 G2（或表面温度 5 800 开尔文），光
度为太阳光度。因为在图上，光度向上增大，而表面温度向左增高，所以靠
近左上角的恒星是炽热而明亮的；同样，靠近右上角的恒星是低温而明亮的，
靠近右下角的恒星是低温而暗淡的，靠近左下角的恒星是炽热而暗淡的。

在赫茨普龙和罗素根据光度和光谱类型绘制恒星图后不久，人们就清楚地
认识到，恒星聚集在赫罗图中的 3 个不同区域：

· 大多数恒星明显位于被称为主星序的恒星线上，主星序在赫罗图上从左上
　方延伸到右下方。所有这些恒星都像太阳一样，通过其核心的氢聚变为氦
　产生能量。
· 巨星和超巨星位于主星序的右上方，因为它们非常明亮，而且表面温度往
　往相对较低。
· 白矮星位于主星序的左下方，因为它们的亮度比主序星低，但其表面温度
　相对较高。

赫罗图还有助于我们将恒星半径之间的关系可视化。如果两颗恒星的表面温
度相同，那么只有当一颗恒星的体积更大时，它才会比另一颗更亮。因此，从赫
罗图左下角的高温低光度恒星到右上角的低温高光度恒星，恒星半径不断增加。

主星序上恒星的质量和寿命

我们已经注意到，主序星的光度和表面温度与其质量密切相关。图 7-17
中的紫色文字表示主星序上恒星的质量，显示出主星序上恒星的质量依次递
减。为了使文字更容易识别，图 7-18 再现了相同的数据，但只展示了主星序

而非整个赫罗图。在主星序的上部是炽热、明亮的 O 型恒星，它们的质量很大。在主星序的下部是低温、暗淡、质量较小的 M 型恒星。

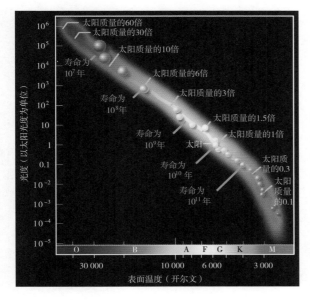

图 7-18 主星序

注：这里单独分离出图 7-17 中的主星序，这样你可以更容易地看到主星序上恒星的质量和寿命是如何变化的。值得注意的是，质量较大的氢聚变恒星比质量较小的恒星更加明亮、温度更高，但寿命更短（恒星质量以太阳质量为单位：太阳质量 $=2 \times 10^{30}$ 千克）。

根据质量和光度之间的这种密切关系，我们还可以确定氢聚变恒星的寿命。图 7-17 和图 7-18 中的绿色文字表示主序星的寿命。像质量一样，主星序上恒星的寿命也在有序地变化：靠近主星序上部的大质量恒星的寿命比靠近下部的小质量恒星的寿短。

结论

赫罗图直观地展示了关于恒星的大量信息。从图上代表一颗恒星的一个点，我们可以推断出这颗恒星的光度、表面温度、光谱类型、颜色和半径。如果那个点位于主星序上，我们还可以得知恒星的质量和寿命。赫罗图的第一个重大发现是揭示了这些性质之间的不同规律，但这仅仅是开始。在下一章中，我们将探讨为什么主序星的光度和表面温度取决于它的质量，以及为什么主序星在核心的氢耗尽后会变成巨星和超巨星。随着研究的深入，我们会继续利用这些非凡的图表。

要点回顾

The Cosmic Perspective Fundamentals >>>

- 太阳是一个巨大的等离子球体，它因核心的氢原子聚变为氦释放出能量而发光。

- 太阳核心核聚变释放的能量通过辐射区向外传播，然后通过对流区到达光球层，并从光球层以光子的形式逃逸到太空中。

- 我们对太阳以外恒星的了解大多来自对 3 个基本性质的测量：光度、表面温度和质量。

- 大多数恒星遵循同样的总体规律，即：质量大的恒星光度大、表面温度高，呈蓝色；质量较小的恒星光度较小、表面温度较低，颜色较红。

- 赫罗图是体现恒星表面温度（或光谱类型）与光度关系的图，由丹麦天文学家埃纳尔·赫茨普龙和美国天文学家亨利·诺里斯·罗素创建。

未来，属于终身学习者

我们正在亲历前所未有的变革——互联网改变了信息传递的方式，指数级技术快速发展并颠覆商业世界，人工智能正在侵占越来越多的人类领地。

面对这些变化，我们需要问自己：未来需要什么样的人才？

答案是，成为终身学习者。终身学习意味着永不停歇地追求全面的知识结构、强大的逻辑思考能力和敏锐的感知力。这是一种能够在不断变化中随时重建、更新认知体系的能力。阅读，无疑是帮助我们提高这种能力的最佳途径。

在充满不确定性的时代，答案并不总是简单地出现在书本之中。"读万卷书"不仅要亲自阅读、广泛阅读，也需要我们深入探索好书的内部世界，让知识不再局限于书本之中。

湛庐阅读 App: 与最聪明的人共同进化

我们现在推出全新的湛庐阅读 App，它将成为您在书本之外，践行终身学习的场所。

- 不用考虑"读什么"。这里汇集了湛庐所有纸质书、电子书、有声书和各种阅读服务。
- 可以学习"怎么读"。我们提供包括课程、精读班和讲书在内的全方位阅读解决方案。
- 谁来领读？您能最先了解到作者、译者、专家等大咖的前沿洞见，他们是高质量思想的源泉。
- 与谁共读？您将加入优秀的读者和终身学习者的行列，他们对阅读和学习具有持久的热情和源源不断的动力。

在湛庐阅读 App 首页，编辑为您精选了经典书目和优质音视频内容，每天早、中、晚更新，满足您不间断的阅读需求。

【特别专题】【主题书单】【人物特写】等原创专栏，提供专业、深度的解读和选书参考，回应社会议题，是您了解湛庐近千位重要作者思想的独家渠道。

在每本图书的详情页，您将通过深度导读栏目【专家视点】【深度访谈】和【书评】读懂、读透一本好书。

通过这个不设限的学习平台，您在任何时间、任何地点都能获得有价值的思想，并通过阅读实现终身学习。我们邀您共建一个与最聪明的人共同进化的社区，使其成为先进思想交汇的聚集地，这正是我们的使命和价值所在。

CHEERS

湛庐阅读 App
使用指南

读什么
- 纸质书
- 电子书
- 有声书

怎么读
- 课程
- 精读班
- 讲书
- 测一测
- 参考文献
- 图片资料

与谁共读
- 主题书单
- 特别专题
- 人物特写
- 日更专栏
- 编辑推荐

谁来领读
- 专家视点
- 深度访谈
- 书评
- 精彩视频

HERE COMES EVERYBODY

下载湛庐阅读 App
一站获取阅读服务